“十二五”职业教育国家规划教材
经全国职业教育教材审定委员会审定
农业部“十三五”规划教材

稀特蔬菜栽培

陈杏禹 主编

（第3版）

中国农业大学出版社
· 北京 ·

内容简介

本书是高等职业教育新形态教材。全书共分10个单元，详细介绍了50种稀特蔬菜的生物学特性、应用价值及高效栽培技术。本书以工作过程为导向，每种特菜设定一个生产项目，指导学生按照信息采集、计划生产、栽培方案实施等步骤，在工作中完成学习任务，掌握相关知识和技能。同时本书提供了另外60余种特菜的拓展阅读资料和30余条多媒体资源，将职业素质养成、创新创业意识培养等内容融入教学内容。

本书可作为高等职业教育、继续教育、五年制高职农业技术类专业教学用书，也可供相关行业企业生产技术人员参考。

图书在版编目(CIP)数据

稀特蔬菜栽培/陈杏禹主编.--3版.--北京：中国农业大学出版社，2023.2

ISBN 978-7-5655-2796-8

Ⅰ.①稀… Ⅱ.①陈… Ⅲ.①蔬菜园艺-高等职业教育-教材 Ⅳ.①S63

中国版本图书馆CIP数据核字(2022)第099342号

书　名	稀特蔬菜栽培　第3版		
作　者	陈杏禹　主编		
策划编辑	康昊婷	**责任编辑**	康昊婷
封面设计	郑　川		
出版发行	中国农业大学出版社		
社　址	北京市海淀区圆明园西路2号	**邮政编码**	100193
电　话	发行部 010-62733489,1190	读者服务部	010-62732336
	编辑部 010-62732617,2618	出 版 部	010-62733440
网　址	http://www.caupress.cn	**E-mail**	cbsszs@cau.edu.cn
经　销	新华书店		
印　刷	运河(唐山)印务有限公司		
版　次	2023年2月第3版　2023年2月第1次印刷		
规　格	185 mm×260 mm　16开本　14.5印张　370千字		
定　价	58.00元		

图书如有质量问题本社发行部负责调换

编　委　会

主　编　陈杏禹（辽宁农业职业技术学院）

副主编　王　爽（辽宁特殊教育师范高等专科学校）

于红茹（辽宁农业职业技术学院）

任术琦（潍坊职业学院）

练华山（成都农业科技职业学院）

参　编　（按姓氏笔画排序）

朱丽丽（松原职业技术学院）

郑玉艳（辽宁农业职业技术学院）

赵振忠（唐山职业技术学院）

郜文生（北京四海种业有限责任公司）

董灿兴（江苏农牧科技职业学院）

董晓涛（辽宁农业职业技术学院）

鲁绪才（黑龙江农业经济职业学院）

主　审　刘爱群（辽宁省农业科学院蔬菜研究所）

前言

Preface

随着社会经济的发展、人们生活水平提高和消费心理的变化，消费者更加注重蔬菜的品种、营养和保健价值。20 世纪 90 年代初期，我国开始出现以展示和应用世界先进农业设施和农业高新技术为主要内容的各种现代农业园区，引进了大量稀特蔬菜品种。稀特蔬菜以其形态各异，风味独特，营养丰富，兼具特殊保健功能，越来越受到人们的青睐，成为近年来蔬菜产业发展的新方向。

稀特蔬菜主要包括国外引进品种、稀有乡土蔬菜、芳香蔬菜以及野生采集或人工栽培的山野菜等，一般都具有栽培容易、抗逆性强、很少发生病虫害等特点。本书详细介绍了 10 大类 50 种稀特蔬菜的生物学特性、栽培技术、营养价值及食用方法，对于丰富蔬菜种植的种类和品种，提高蔬菜生产者的技术水平，增加蔬菜生产者的经济收入等方面，都具有重要的指导意义。

本书各单元以工作过程为导向，每种稀特蔬菜设定一个生产项目，按照信息采集、生产计划和栽培方案 3 个步骤编排内容，最后通过单元小结和单元自测题对学习效果进行检验和评估。为增强本书的实用性和趣味性，内容中穿插了大量特菜图片、特菜食谱、课外阅读资料和数字资源。书后附加了任务工单样例，供各院校使用参考。教材编写分工如下：单元一、单元三、单元四由陈杏禹编写，单元二由任术琦、郑玉艳编写，单元五由赵振忠、郜文生编写，单元六、单元九由王爽编写，单元七由于红茹、董灿兴编写，单元八由董晓涛、练华山编写，单元十由朱丽丽、鲁绪才编写。陈杏禹对全书进行统稿。

由于编者水平有限，书中问题和不足之处在所难免，恳请各位同行、各院校师生批评指正。本书在编写过程中参考了有关单位和学者的文献资料和图片资源，在此一并表示感谢。

编　者

2022 年 2 月

目录

Contents

稀特蔬菜

栽培概述

改革开放以来，随着设施园艺的迅猛发展，在我国北方，蔬菜作物已经基本上实现周年生产、均衡供应。当黄瓜、番茄、辣椒等普通蔬菜随时随地可满足人们的消费需求时，人们把目光又投向了新奇少见的稀特蔬菜。过去那些“养在深闺无人知”的特菜纷纷在各大中城市的蔬菜市场闪亮登场。在城市郊区的蔬菜生产基地、农业高科技示范园区、休闲农业园区，特菜种植悄然兴起，稀特蔬菜已成为生产者和消费者共同关注的焦点。

一、稀特蔬菜的含义

稀特蔬菜简称特菜，又称珍稀蔬菜、新奇蔬菜，简言之，就是当地没有栽培或栽培较少的蔬菜。特菜所包含的内容随地域和时间的改变而变化。如菜心是广东的特产蔬菜，在广东再普通不过，拿到东北来种植销售，就成了特菜；而我国的特产蔬菜莲藕、茭白、山药等，到了美国就成了他们的特菜(Special Vegetable)。20 世纪 80 年代中期，我国刚引种绿菜花、西芹时，人们觉得很新奇，称之为特菜，而今天，它们为我国人民所熟悉和接受，已退出特菜的行列。近年来，我国北方地区引进了百余种特菜，其中有原产于国外、我国无栽培历史和消费习惯的“洋菜”，如朝鲜蓟、冰草、根芹等；有在我国南方广泛种植，但北方很少栽培和食用的“南菜”，如落葵、紫背天葵、芥蓝等；有过去多采摘食用的“野菜”，如刺嫩芽、蒌蒿等，还有用途广泛的芳香蔬菜，如薄荷、罗勒、迷迭香等，以及新兴的芽苗蔬菜，如籽芽香椿、小麦苗、油葵芽等。

二、稀特蔬菜的特点

1.形状奇特

有些特菜是普通蔬菜的变种，由于形状奇巧而身价倍增。例如小型番茄，不但果实小巧，而且形状各异，有樱桃形、洋梨形、长椭圆形，可作为高档水果和拼盘配菜。又如拇指黄瓜、拇指西瓜，其果形短小玲珑，口味清香脆嫩，可作水果鲜食。再如飞碟瓜，外形酷似一只带花边的碟子，既可食用又可观赏，十分惹人喜爱。还有意大利的球茎茴香，苗期犹如我国传统食用的小茴香，生长中后期，叶鞘基部膨大成球状，采收时叶片被剪掉，而以该球茎为食用器官。还有果实宛如倒挂金钟的风铃椒，色彩艳丽、形状奇特、观赏食用兼具(图 0-1)。

图 0-1　形状奇特的风铃椒

2.色彩鲜艳

现代人对蔬菜的需求不仅要“好吃”，而且要“好看”，由此，彩色蔬菜纷至沓来。彩色番茄，一改普通番茄大红或粉红的果色，表皮红、绿、黄花道相间，状如小孩玩耍的花皮球(图 0-2)；彩色甜椒，有红、橙、黄、紫、绿、乳白、褐等颜色，五彩缤纷，鲜艳夺目。状如香蕉的金皮西葫芦、能削成玫瑰花的红菜头(根用甜菜)、适于作沙拉生食的紫叶莴苣、羽衣甘蓝、彩色胡萝卜，还有黄皮菜豆、白梗芹菜、红皮豇豆、紫黑色番茄，彩色花椰菜(图 0-3)，以及新育成的紫色大白菜、紫色小白菜、紫衣芥菜……，都是以其新奇鲜艳的色彩在众多蔬菜中独领风骚。

图 0-2　彩色番茄

图 0-3　彩色花椰菜

3.风味独特

大部分特菜都因其具有特殊的口感或风味而与众不同。如大叶芹、刺嫩芽，其独特的山野清香，绝非一般家植蔬菜能比拟。而冰草、番杏、朝鲜蓟、抱子甘蓝、香艳茄等，则以其浓厚的异域风味来吸引消费者。现在，苦瓜的苦、菜心的嫩、毛节瓜的凉、菊苣的脆、乌塌菜的甜、黄秋葵的滑已逐渐为广大北方群众所接受和喜爱。

4.营养保健

大多数特菜都有较强的营养保健功能，长期食用，有益健康。如苦瓜具有明目清心、消暑解毒的功效，其果肉中还含有类胰岛素物质，能够降低血糖，是糖尿病人最理想的食疗蔬菜。芦笋的嫩茎中含有天门冬酰胺、天门冬氨酸及多种甾体皂苷物质、芦酊、甘露聚糖、胆碱等，对癌症和多种疾病有一定的治疗和预防作用，是一种极好的抗癌蔬菜。紫背天葵是原产于我国南方的一种半野生蔬菜，其茎叶中含有黄酮苷成分，长期食用可治疗咳血、血崩、血气亏、缺铁性贫血等病，我国南方一些地区常把紫背天葵作为产妇补血的良药。再如黄秋葵中含有一种特有的黏状物质(果胶、半乳聚糖、阿拉伯树胶等混合物)，能帮助消化，并具有保护肠胃、肝脏和皮肤黏膜的作用，对胃炎、胃溃疡有一定疗效，在国外作为运动员的首选蔬菜，也是老年人的保健食品。

图 0-4　安全无污染的芽苗菜

5.无农药污染

特菜中的野生蔬菜，抗逆性极强，栽培中几乎无病虫害发生；而苦瓜、蛇瓜、紫背天葵、菊苣等特菜，或由于本身有特殊气味，或由于生长环境改变，栽培中也极少有病虫害发生，这就大大减少了农药的污染。再如芽苗蔬菜，其生长所需营养，主要来自种子或根、茎等营养贮藏器官(图 0-4)，栽培中不必施肥，而且其中大多数生长周期短，很少感染病虫害，也不需使用农药。由此可见，很多特菜适合进行无公害蔬菜生产。

三、稀特蔬菜发展现状及展望

1.发展概况

我国北方特菜的发展大致经历了 3 个阶段：第 1 阶段从 20 世纪 80 年代中期到 90 年代中期，引进了荷兰豆、绿菜花、苦瓜、结球莴苣、芥蓝、木耳菜、空心菜等特菜，由于其口感好，适合北方居民的消费习惯，已被广大群众熟悉和接受；第 2 阶段自 20 世纪 90 年代中期至 2010 年前后，引进了小型番茄、樱桃萝卜、金皮西葫芦、紫背天葵、抱子甘蓝、四棱豆等特菜，并开发了一大批芽苗蔬菜，其中小型番茄、樱桃萝卜和部分芽苗蔬菜已在各大中城市推广和普及，其他特菜的栽培面积也在逐步扩大；第 3 阶段是近 10 年，引进了罗勒、

珍贵的礼物

牛至、冰草、拇指西瓜等一系列新奇蔬菜，培育了松花菜、西兰薹、紫色小白菜（图 0-5）和一大批彩色蔬菜新品种，随着观光农业、休闲农业的迅猛发展，特菜食用价值之外的优势逐步受到重视并被利用。

在引种和推广特菜的过程中，部分企业由于选对品种，看准市场，通过特菜生产和销售创造了良好的经济效益，为推动特菜生产、丰富人民群众的菜篮子做出了突出贡献。同时，也有些农户由于盲目引进，销路不畅而导致特菜生产失败，造成了一定的经济损失。

图 0-5　紫色小白菜

2.存在问题

（1）销路窄，销量小　销路不畅是特菜发展的最大制约因素。就目前我国特菜的销售情况来看，主要有以下几种销售渠道：宾馆、饭店；大中型超市；礼品装箱菜；观光旅游采摘销售。由于受消费习惯和生活水平的限制，对于大多数城镇居民来说，特菜消费只是浅尝即止，远远没有占据蔬菜消费的主流。因此，仅靠少数人长期消费或多数人偶尔消费，其销量肯定是有限的，这必然会限制特菜的大规模、大面积发展。

（2）种子质量和栽培技术有待提高　由于特菜种子价格较高且多渠道供应，质量难以保证。这也是特菜产量不高，质量较差的原因之一。另外，对于新引进的特菜种类，菜农并不了解其生长习性，在栽培管理、产品采收等方面都有待改进，因而影响了产品质量。

（3）没有充分发挥出特菜的优势　人们选择特菜无外乎满足好奇心和追求其特殊保健作用。但是超市的商品特菜很难展示其观赏价值，也没有介绍其营养价值及烹饪方法。因此对消费者缺乏吸引力。

3.稀特蔬菜的发展对策

（1）打通销售渠道，避免盲目生产　大规模生产之前，首先应该进行充分的市场调研，了解供求信息，找好销售市场。如盲目生产，往往会使产品积压，即使低价也卖不出去，造成严重的经济损失。因此，各地应根据本地区的经济水平，适量发展，如大规模生产经营，应以大中城市为依托。

（2）引进试种，逐步发展　首次发展特菜生产的地区，应先少量引进试种，以掌握引种特菜的习性、栽培技术、口感、食用方法及是否适合本地区的消费习惯；然后再考虑如何扩大生产规模。有的地区在引进特菜时，只注重新奇特，而忽略了品质风味，结果有些特菜人们尝过一两回，满足了猎奇心理后就再也不买了，造成特菜产品销售不畅。另外，即使是人们已经接受的特菜，其销量也远远低于普通蔬菜。因此，特菜的生产要根据市场需求逐步发展，防止一哄而上。

（3）排开播种，均衡供应　就目前情况来看，市场对特菜需求的共同点是“长期供应，品种齐全，数量有限”。故生产时应本着“多品种、小批量、排开播种、均衡上市”的原则，才能取得比较好的经济效益。这也是种类多样的大型特菜基地销路好，而零散农户单一生产销路差的原因之一。

（4）重视采后处理，提高特菜档次　随着人们消费水平的不断提高，净菜上市已经成为一种消费时尚。尤其特菜现阶段仍作为高档蔬菜出售，更应重视采后处理，从产品整修、预冷、包装、冷藏、运输及冷柜销售等一系列环节入手（图 0-6），保证特菜的商品质量，提高特菜的销售档次。如要长期发展特菜，还必须树立精品意识和品牌意识，增加市场竞争力。

图 0-6　蔬菜礼品包装

(5)着力引导消费，拓宽消费渠道　首先，通过新闻媒体、科普宣传等多种形式向广大消费者宣传特菜的营养价值、保健作用和食用方法，让消费者认识、接受并喜爱特菜，从而打开城市家庭这一巨大的潜在市场。其次，充分发挥特菜的观赏价值、科普价值等优势，使其在观光休闲、农业科普、亲子活动、家庭园艺、认养农业（图 0-7）等新型农业消费渠道上发挥重要作用。

图 0-7　认养菜园

单元一 瓜类特菜

知识点 瓜类特菜的种类及应用价值；瓜类特菜生物学特性、品种类型；瓜类特菜高效栽培技术。

技能点 瓜类特菜育苗；各种瓜类特菜的植株调整；瓜类特菜的人工授粉；佛手瓜繁殖技术；各种瓜类特菜的适期采收。

职业素养 自主学习，触类旁通；躬身实践，知行合一；创新思维，合作意识。

瓜类特菜均为葫芦科植物，包括苦瓜、蛇瓜、节瓜、佛手瓜等我国南方普遍栽培而过去北方栽培较少的种类，以及近年来引进的飞碟瓜、金皮西葫芦、观赏南瓜、砍瓜等。瓜类特菜均为喜温耐热蔬菜，对温度要求较高，需在无霜期内栽培。北方露地栽培一年一茬，利用温室、大棚等保护地设施进行提前或延后栽培，有利于延长采收期，提高产量。与普通瓜类蔬菜相同，瓜类特菜根系的木栓化程度高，再生能力差，伤根后不易恢复，故不耐移植，栽培时需直播或护根育苗。瓜类特菜除具有较高的营养价值外，如苦瓜、蛇瓜、飞碟瓜、观赏南瓜、佛手瓜等还具有较高的观赏价值。

项目一 苦 瓜

信息采集

(一)苦瓜栽培概况及应用价值

苦瓜，别名癞瓜、凉瓜、锦荔枝，葫芦科一年生蔓性草本植物。原产于东印度热带地区，我国自明代初年开始种植，现南北各地都有栽培，但以广东、福建、台湾、湖南、四川较为普遍。近几年苦瓜在北方地区的栽培面积逐步扩大，并且逐渐受到消费者的青睐。

苦瓜以嫩果供食，营养价值颇高。每 100 g 可食部分含水分 94 g，蛋白质 0.7～1.0 g，脂肪 0.2 g，碳水化合物 2.6～3.5 g，粗纤维 1.1 g，钙 18～22 mg，磷 19～32 mg，维生素 A 18～22 mg，B 族

维生素 0.7 mg，维生素 C 56～120 mg，是瓜类蔬菜中维生素 C 含量最高的，在蔬菜中仅次于辣椒，高于番茄。还含有苦瓜苷、腺嘌呤等多种氨基酸。苦瓜果实脆嫩、味苦清凉，可凉拌、炒食或做汤，还可榨汁做清凉饮料，或加工成苦瓜干、苦瓜泡菜。

苦瓜不仅营养丰富，而且还具有很高的药用价值，其根、茎、叶、花、果实和种子均能入药。苦瓜嫩果中含有配糖体，味苦性寒，能刺激唾液及胃液分泌，可促进食欲，帮助消化。此外，苦瓜还具有明目清心、消暑解毒、补肾治痢、提高免疫力的功效。最令人瞩目的是苦瓜中含有类胰岛素，能够降低血糖，是糖尿病人最理想的食疗蔬菜。苦瓜除食用嫩瓜外，成熟后的瓜瓤味甜、色美，可作水果食用。印度和东南亚有食用嫩梢和叶的习惯，印度尼西亚和菲律宾则取花食用。苦瓜还可作为庭园、篱笆、墙壁和阳台的绿化植物，夏季黄色小花，果实成熟后变橘红色，非常美丽。

(二)苦瓜的生物学特性

1.形态特征

苦瓜根系发达，侧根多，分布范围广，根群分布直径可达 1 m，深 0.5 m 左右。茎较细，5 棱，蔓性，被茸毛，主蔓及侧蔓各节腋芽活动力强，易发生侧蔓和副侧蔓。初生叶对生，盾形，真叶互生，掌状深裂，叶片光滑无毛。叶片较小，叶柄黄绿色、有沟。花单生，黄色，雌雄异花同株。雌花子房下位，花柄较长，花柄中部着生盾形苞叶(图 1-1)。第 1 雌花节位因品种而异，一般在主蔓 8～14 节发生，以后每隔 3～6 节再生雌花。侧蔓第 1 节后连续着生雌花。主蔓雌花的结果率随着节位的上升而降低，低节位的结果率高。产量主要靠第 1 至第 4 朵雌花结果形成。果实为瓠果，形状有纺锤形、圆锥形、圆筒形，果面有瘤状突起和纵棱，嫩果绿、浅绿、白绿色或白色，老熟后橙红色，易开裂，果瓤红色有甜味。种子稍厚盾形，黄褐色，有花纹，每果含种子 20～30 粒，种子千粒重 150～180 g。

1.初生叶　2.雄花　3.雌花

图 1-1　苦瓜的形态特征

2.生育周期

苦瓜全生育期150～180 d,一生可分为发芽期、幼苗期、抽蔓期和开花结果期4个时期。

(1)发芽期 自种子萌动至第一对真叶展开,需10～15 d。

(2)幼苗期 第1对真叶到第5片真叶展开,开始抽出卷须,需15～20 d,这时腋芽开始活动。

(3)抽蔓期 植株现蕾为抽蔓期结束。抽蔓期较短,如环境条件适宜,在幼苗期结束前后现蕾,便没有抽蔓期。

(4)开花结果期 植株现蕾至生长结束,一般90～100 d,其中现蕾到初花25 d左右,始收至拉秧60～70 d。

苦瓜生长发育过程中,茎蔓不断地生长,抽蔓期以前生长较缓慢,占整个茎蔓生长量的0.5%～1%,绝大部分蔓在开花结果期形成(图1-2)。在茎蔓生长过程中,随着主茎的生长,各节自下而上发生侧蔓,侧蔓又可以发生副侧蔓,茎蔓生长繁茂。叶面积随茎蔓生长增加。据测算,苦瓜植株单株叶面积约0.56 m^2,发芽期1对真叶的面积约35 cm^2,占总叶面积的1%以下,幼苗期约占3%,抽蔓期约占2%,开花结果初期约占9.5%,开花结果中期约占57%,后期约占23.8%,苦瓜的同化器官主要在开花结果期、特别是开花结果中后期形成。

图1-2 苦瓜开花结果期

3.对环境条件的要求

(1)温度 苦瓜耐热不耐寒。种子发芽适宜温度30～35 ℃,20 ℃以下发芽缓慢,低于15 ℃发芽困难。植株生长适宜温度20～30 ℃,以25 ℃为最佳,在15～25 ℃范围内,温度越高,越有利于苦瓜的生育,结果早,产量也高。高于35 ℃或低于15 ℃生长发育不利,但能忍受39 ℃的高温。

(2)光照 苦瓜属短日性植物,但对光照长短要求不严格,早熟栽培,苗期给以短日处理,可提早出现雌花。喜光不耐荫,苗期光不足可降低对低温的抵抗力,苗期若遇低温阴雨天气,幼苗容易受害。充足的光照有利于光合作用和提高坐果率,花期光照不足,易造成落花落果。

(3)水分 苦瓜喜湿但不耐涝，空气湿度和土壤湿度均为85%时对生长有利。土壤积水易烂根，叶片黄化枯萎，轻则影响结瓜，重则全株枯死。

(4)土壤营养 苦瓜对土壤适应性强，但以保水保肥性好的肥沃壤土或沙壤土为宜。吸肥力强，生长期必须供应充足的氮、磷、钾肥料。

(三)苦瓜的类型和品种

根据瓜皮的颜色，可将苦瓜分为绿苦瓜和白苦瓜两种类型(图1-3)。绿苦瓜苦味较重；白苦瓜浅绿至白色，苦味稍淡。绿色品种维生素C含量高，抗逆性较强。

根据果型的大小，可分为大型苦瓜和小型苦瓜。大型苦瓜以食用为主，小型苦瓜以观赏为主，又称“看瓜”。

北方地区利用日光温室进行反季节苦瓜生产，宜选用耐低温性较强的早熟品种，如种都种业的泰龙、美迪、翠龙、华绿王等品种，东北地区可选用抗寒性较强的熊岳长绿苦瓜。

1

2

3

1.白苦瓜(大型苦瓜) 2.绿苦瓜(大型苦瓜) 3.小型苦瓜

图1-3 苦瓜的类型

生产计划

(一)露地春夏茬栽培

北方地区，早春及秋末气候较为冷凉，一般3月末至4月初育苗，苗龄30～40 d，5月上中旬定植于露地，6月中下旬至9月份收获。

(二)温室大棚春早熟栽培

可于2月下旬育苗，3月下旬或4月上旬在棚室内定植，利用地膜覆盖和棚室内复扣小拱棚，可提早至5月份上市。

(三)日光温室冬春茬栽培

随着北方市场苦瓜需求量的不断增加和栽培技术水平的提高，也可利用冬季保温性能较好的日光温室进行苦瓜冬春茬栽培，可于9—10月份播种育苗，10—11月份定植，元旦春节期间上市，可获得较高的经济效益。

苦瓜日光温室冬春茬栽培方案

（一）播种育苗

苦瓜育苗可选用72孔穴盘。苦瓜种子粒大，种皮厚，不易发芽，适合催芽后人工播种。播种后苗盘移入催芽室，出苗前温度控制在25～30 ℃，出苗后移至苗床，白天温度控制在25 ℃左右，夜晚15～18 ℃。日历苗龄30 d，幼苗2叶1心即可定植。为了预防苦瓜与其他瓜类蔬菜重茬而发生枯萎病、蔓枯病，也可采用嫁接育苗。嫁接砧木可选择黑籽南瓜或“壮士”“共荣”等砧用南瓜良种。

（二）整地定植

苦瓜生长期长，结瓜多，需肥量大，定植前应施足底肥。通常每667 m^2 施入优质农家肥5 000 kg，配合施用过磷酸钙25 kg，硫酸钾10 kg，深翻耙平。

苦瓜宽行棚架栽培

日光温室冬春茬苦瓜可采用宽行棚架栽培或窄行竖架栽培。宽行棚架栽培大行距2.5 m，小行距50 cm，株距40 cm，每667 m^2 栽苗1 000株左右，苦瓜植株在开花结果前生长缓慢，为有效利用土地，前期可在宽行间做平畦，套种莴苣、甘蓝等速生蔬菜（图1-4）。窄行竖架栽培可采用80 cm和70 cm的大小行栽培，株距40 cm，每667 m^2 栽苗2 000株。按照不同的栽培方式整地起垄。

定植时在垄上开沟，摆苗，培少量土稳坨，浇透定植水，注意苦瓜苗不能栽得过深，以防造成沤根。缓苗后合垄，铺设滴灌管，覆盖地膜。

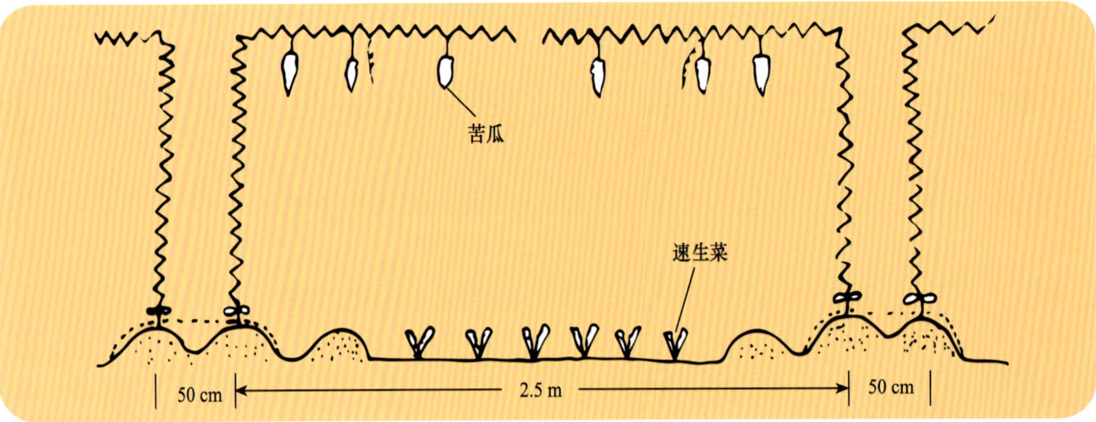

图1-4　日光温室苦瓜宽行棚架栽培方式

（三）田间管理

1.温光调节

苦瓜属耐热蔬菜，冬春茬栽培的关键是温度管理。定植初期，白天及时通风，防止温度过高造成植株徒长，降低抗寒能力。12月份至翌年1月份，是温室内温光条件最差的时期，应采取措施增温补光。要求日温保持25 ℃左右，夜温15 ℃左右，最低温度不能低于12 ℃。2月份以后，外界气温逐渐升高，白天应增加通风量，防止温度过高。一般达到33 ℃时放风，日温控制在30 ℃左右，夜温控制在15～20 ℃。当外界温度稳定在15 ℃以上时，可去掉塑料薄膜转入露地栽培。

2.水肥管理

浇过定植水和缓苗水后，结瓜前可不再浇水。进入开花结果期后开始追肥灌水。生长前期，温室内温光条件较好，每隔7～10 d浇1次水，隔1水追1次肥，每次每667 m^2追施三元复合肥15 kg。进入12月份以后，温室内温光条件较差，应尽量减少浇水。以后随着外温的升高，植株生长旺盛，可逐渐增加浇水次数，每15～20 d追1次肥，每次每667 m^2施复合肥20 kg。

3.植株调整

利用宽行棚架栽培时，在宽行间用铁丝或细竹竿搭一个略朝南倾斜的水平棚架，根据温室条件，架高2.0～2.5 m，利用吊绳引蔓上架。温室北端的植株主蔓1.5 m以下的侧蔓全部去除，温室南端的植株主蔓0.6 m以下的侧蔓全部去掉。其上留2～3个健壮的侧蔓与主蔓一起上架。以后再发生的侧蔓，如有瓜即在瓜前留2片叶摘心，无瓜则去除。

利用窄行竖架栽培时，每株仅保留1条主蔓，引蔓上架，只用主蔓结瓜，其余侧枝全部去掉。随着苦瓜的采收和茎蔓的生长，去掉下部的老叶，把老蔓落在地膜上。生长中期，侧蔓有瓜时，可留侧蔓结瓜，并在瓜前留2片叶摘心。缠蔓的同时要掐去卷须和雄花，同时注意调整蔓的位置和走向，及时剪除细弱或过密的衰老枝蔓，尽量减少互相遮阳。

苦瓜窄行竖架栽培

4.保花保果

苦瓜为异花授粉作物，虫媒花。温室冬春茬栽培缺乏授粉媒介，必须采用人工辅助授粉，才能提高坐果率。人工授粉的具体方法是上午摘取当天盛开的雄花，剥掉花瓣，用雄花的花药直接涂抹雌花的柱头即可，动作要轻，防止损伤柱头。重复授粉可提高坐果率。

5.采收

苦瓜以嫩果供食，因此应及时采收。一般花后12～15 d即可采收。采收过迟果实变黄、品质差；采收过早则瓜肉未充实、产量低。采收的标准为果实上的条状或瘤状突起比较饱满，瘤沟变浅，尖端变平滑，皮色由暗绿变为鲜绿并有光泽时采收上市(图1-5)。采收后的苦瓜如不及时销售，应低温保存，否则易后熟变黄，失去食用价值。

图1-5　苦瓜果实

小创意——苦瓜酒制作

苦瓜食谱

苦瓜盅 将苦瓜切成 5 cm 长的小段，去籽。把苦瓜段平放在平底碗中，逐段填入拌好的肉馅，蒸 20～30 min 即成。

苦瓜炒肉丝 油热后，将红辣椒丝放入，再倒入已用酱油煨好的肉丝，猛火快炒后盛起备用。放少许油，倒入苦瓜片再炒，此时可加盐、糖及水各少量，炒好后，立即倒入炒熟备用的肉丝，迅速炒拌即成。

苦瓜鸡蛋饼 苦瓜切丁后与鸡蛋搅匀，油烧热后，倒入锅中，摊成苦瓜蛋饼。

苦瓜沙拉 苦瓜切丁用开水烫一下(或不烫生食)，加沙拉酱拌匀。上面再洒少许切细的火腿肠。

项目二 蛇 瓜

信息采集

(一)蛇瓜栽培概况及应用价值

蛇瓜，俗称蛇豆、蛇丝瓜。葫芦科栝楼属一年生攀缘植物。原产于印度、马来西亚，广泛分布于东南亚和澳大利亚，我国各地有零星栽培。蛇瓜以嫩果供食，营养丰富，每 100 g 果肉中含水分 94.8 g，蛋白质 1.1 g，脂肪 0.1 g，粗纤维 0.8 g，碳水化合物 2.9 g，以及多种维生素和氨基酸。蛇瓜性凉，入肺、胃、大肠经，能清热化痰，润肺滑肠。蛇瓜的食用方法很多，可焯后凉拌、炒食或做汤，色碧绿，味清香。其嫩茎叶可炒食、做汤，别具风味。

(二)生物学特性

1.形态特征

蛇瓜根系发达，侧根多，易生不定根。茎蔓生、细长，长可达 5～8 m。茎 5 棱，茎蔓密生刺毛，分枝性强。叶片绿色，掌状深裂，裂口较圆，表面有细毛。雌雄异花同株，雌花单生，雄花为总状花序，具 12～16 朵花。花冠白色，花瓣 5 枚，花瓣末端裂为卷曲丝状。雄花的发生早于雌花，一般雌花于主蔓 20～25 节处开始着生，以后主蔓、侧蔓均能连续着生雌花。果实长条形，一般长 1 m 以上，易盘旋生长。瓜条末端和基部较细，末端弯曲，形似蛇。果皮灰白色，间有绿色细条纹，光滑无毛，被蜡粉(图 1-6)。果肉白色，疏松，含水较少。蛇瓜不仅外形似蛇，且茎叶、果实均有浓重的蛇腥气，初次接触可能不习惯，但经贮藏或烹饪后，腥气消失。成熟果实火红色，并带有浅褐色条纹，不能食用。瓜瓤红色，微甜，似苦瓜。每瓜含种子 20～30 粒，种子较大，盾形，灰褐色，表面有不明显花纹，四周具缺刻，千粒重 250 g 左右。

2.对环境条件的要求

蛇瓜喜温耐热，不耐寒，高温期间生长良好，全生育期 150 d 左右。种子发芽适宜温度为 30～35 ℃，低于 20 ℃发芽缓慢。植株生长适宜温度为 25～30 ℃，35 ℃条件下仍能正常生长。

蛇瓜整个生长期都要求充足的光照，特别是开花结果期，光照足，坐果率高，果实发育快。蛇瓜喜湿润，但也较耐干旱，生长期间应保持水分供应均匀。蛇瓜耐贫瘠，对土壤要求不严，但仍以肥沃的壤土或沙壤土上种植生长旺盛，产量高。

1　　　2　　　3

1.叶片　2.花　3.果实

图 1-6　蛇瓜形态特征

(三)类型和品种

蛇瓜的类型较多，根据瓜条长短可分为短果型、中长果型和长果型。根据瓜条的颜色可分为白皮、青皮、黑皮、灰皮等，瓜的条纹有白条、青丝、青斑等。栽培品种较多，但多为地方品种，如南京蛇瓜、马尾蛇丝瓜等。

生产计划

蛇瓜多为露地栽培，或零星种植于屋前后棚架。由于其生育期长，一年只种一茬。北方地区于 4 月初利用阳畦或大棚育苗，终霜后定植于露地，6 月始收至 10 月拉秧。

蛇瓜露地栽培方案

(一)播种育苗

蛇瓜种皮较厚，发芽困难，自然条件下发芽需 20 d 左右，因此无论采用何种育苗方法，播种前必须浸种催芽。将种子浸入70 ℃热水中，用两个容器来回倾倒，待水温降至室温后，继续浸种24 h。然后将种子用清水洗净，沥干水，将种皮嗑开，用湿纱布包好，置于30 ℃恒温箱内催芽，每天用温水淘洗种子1次，3 d内芽可出齐。将种子播于50孔或72孔穴盘中，苗期管理可参照苦瓜，幼苗2叶1心时定植。

(二)整地定植

蛇瓜生长期长，产量高，因此需肥量大，定植前应结合精细整地施足底肥。通常每667 m^2施入优质农家肥3 000 kg，过磷酸钙25 kg。垄作或畦作，株行距50 cm×60 cm。于当地终霜过后定植。

(三)田间管理

1.中耕除草

缓苗后及时中耕松土，促进根系发育。搭架前在行间进行一次深中耕，清除杂草，疏通排灌沟。

蔬菜搭架——棚架

2.水肥管理

生长前期可根据植株生长状况追施少量氮肥，进入开花结果期后加强肥水管理，结合灌水每次每667 m^2施入氮磷钾复合肥15 kg，共施2～3次。

3.植株调整

当植株高达30 cm时，需搭建大"人"字架或2 m高的棚架，通常棚架栽培产量高，果形好(图1-7)。搭架后及时引蔓上架，以后每隔30 cm绑1次蔓，绑3～4次即可。绑蔓时要注意将蔓叶理均匀，使瓜自然下垂。蛇瓜以主蔓结瓜为主，1 m以下侧枝全部摘除。主蔓不摘心，侧蔓可根据生长势留1～2瓜后，在瓜前留3～4片叶摘心。

图1-7　棚架栽培的蛇瓜

栽培过程中可通过人工授粉提高坐果率。蛇瓜生长势强，枝叶繁茂，应及时进行植株整理，摘除无效侧蔓和结过瓜的侧蔓，防止因茎叶生长过旺而影响结瓜。蛇瓜自然生长状态下果实多呈不规则扭曲状，栽培时可在果下系小石块，以重力作用使瓜条生长顺直。

4.采收留种

蛇瓜定植 30 d 后即可采收，可连续采收 60 d 左右。采收标准以花后 10 d 的嫩果为宜，直径不超过3 cm，否则果实老化，果肉变薄，失去食用价值。蛇瓜果实极脆嫩，采收时要轻拿轻放，否则极易折断，影响商品性。盛收期 1～2 d 采收 1 次。

蛇瓜留种以留主蔓第二个瓜为宜。雌花开放后 30 d 左右，当瓜皮变红后，种子成熟（图 1-8）。这时即可剖瓜取籽，用清水洗去红色瓜瓤，种子晾干后收藏。

图 1-8　蛇瓜种子

项目三　丝　瓜

信息采集

（一）丝瓜栽培概况及应用价值

丝瓜，又称天罗瓜、布瓜、洗碗罗瓜，葫芦科丝瓜属一年生攀援植物。原产于印度，在我国华南、华北地区普遍栽培，是夏季主要蔬菜之一。

丝瓜以嫩瓜供食，其嫩果营养丰富，每 100 g 果肉中含水分 92.9 g，蛋白质 1.5 g，碳水化合物 4.5 g，还含有多种维生素和矿物质。丝瓜切片可用开水焯后凉拌，也可与肉片、鸡蛋、虾皮同炒，入口滑嫩，味道鲜美。丝瓜做汤，具特殊清香，夏天食用有祛暑清心，开胃润肠的作用。

丝瓜老熟后瓜瓤变成细致的纤维，很柔韧，叫丝瓜络，可用于洗刷锅碗等器皿或代替海绵洗浴擦身，还可作鞋垫、帽垫使用。丝瓜还是传统的中药材，其瓜、蔓、花、籽、络均可入药，具有清热、解毒、化痰、凉血的功效，可治疗热病烦渴、痰喘、咳嗽、痔疮、血崩、疔疮、乳汁不通等症。丝瓜籽也叫乌牛子，可治疗儿童蛔虫症。丝瓜藤水，古称“天罗水”，用其擦脸，具有美容除皱的功效。

（二）丝瓜的生物学特性

1.形态特征

丝瓜根系发达，且茎节易发生不定根；茎蔓生，5 棱，主蔓长势强，腋芽萌发能力强，每节都能发生侧蔓，侧蔓又发生孙蔓，枝系庞大；叶掌状或心脏形，叶缘深裂，3～7 裂，表面密被茸毛；雌花单生，雄花为总状花序，花黄色，雌雄同株异花（图 1-9）；果实短圆柱形至长棒形，白色或绿色，有棱或无棱；种子黑色，近椭圆形，扁平，表面光滑或凹凸不平，种皮革质，千粒重 100～120 g。

2.对环境条件的要求

（1）温度　喜温耐热，种子发芽适宜温度 28～30 ℃，低于 20 ℃发芽缓慢。植株生长适宜温度 25～30 ℃，能耐 35 ℃以上高温。

1

2

1.雌花　2.雄花

图 1-9　丝瓜花

(2)光照　短日性植物。普通丝瓜对日照长短要求不严，苗期处于短日照条件下，能够增加雌花数并降低雌花节位。有棱丝瓜是严格的短日性植物，北方栽培到秋季才开花结实。对光照强度要求不严，光照充足有利于植株生长发育，但在树阴下也能正常生长。

(3)水分　丝瓜喜湿润气候，耐高湿，干燥条件下果实纤维多，易老化。

(4)土壤营养　丝瓜根系强大，吸水吸肥能力强，因此较耐贫瘠。但以有机质含量高保水性好的黏壤土种植易获高产。

(三)丝瓜的类型与品种

一般来说，丝瓜分为普通丝瓜和有棱丝瓜两种，主要食用嫩果，营养丰富(图 1-10)。

1.普通丝瓜

普通丝瓜又称水瓜。表面无棱，光滑或具细皱纹。瓜条多为圆柱形，少数品种为长棒形，幼瓜肉质较柔嫩。生长势强，产量高，分布广，适应性强，我国南方、北方均有栽培。优良品种有线丝瓜、湖南肉丝瓜、白玉霜、杭州肉丝瓜、长度水瓜等。

2.有棱丝瓜

有棱丝瓜又称棱角丝瓜、胜瓜等。植株长势比普通丝瓜弱。果实为长棒形或纺锤形，表皮墨绿色，最大特点是果实表面有明显的 9～11 条凸起的棱线。种皮较厚，粗糙有凸起。有棱丝瓜肉质细嫩致密，味甜，用铁锅炒后肉色仍洁白，汤汁澄清，而普通丝瓜用铁锅炒后肉质软绵变黑褐色，汤汁微黑。有棱丝瓜主要分布在广东、广西、福建、台湾等省区，优良品种有绿旺丝瓜、青皮丝瓜、乌耳丝瓜等。

1

2

1.普通丝瓜　2.有棱丝瓜

图 1-10　丝瓜果实

生产计划

(一)露地栽培

有棱丝瓜是典型的短日性作物,在北方长日照条件下,营养生长过旺,化瓜严重。而普通丝瓜对日照长短要求不严,适合北方栽培。露地栽培可在3—4月份利用设施进行育苗,终霜后定植于露地,6月中下旬开始采收,10月份生产结束。

(二)日光温室冬春茬栽培

日光温室冬春茬栽培宜选择温光条件较好的温室。于8—9月份播种育苗,10月上中旬定植于温室,12月份开始采收(图1-11),元旦、春节期间进入盛果期,经济效益较高。

图1-11 温室栽培丝瓜

丝瓜日光温室冬春茬栽培方案

(一)播种育苗

参照苦瓜育苗。

(二)整地定植

定植前温室普遍消毒,并结合整地,每667 m^2施充分腐熟的有机肥5 000～8 000 kg,过磷酸钙25 kg,草木灰100 kg,结合深翻地把肥料均匀施入整个耕作层。按大行距1 m,小行距

0.6 m 整地做畦，定植前垄上开定植沟，沟深 10 cm，按平均株距 40 cm 摆苗，中部温光条件较好的部位，株距可稍密，北部可稍稀，每 667 m^2 栽苗 2 000 株左右。摆好苗后培少量土稳坨，株间撒施三元复合肥，每 667 m^2 用量 25 kg，并使土壤与肥料充分混匀，但注意不要破坏定植沟。然后顺沟浇足定植水，2～3 d 缓苗后再合垄覆土，铺设滴灌管，覆盖地膜。

(三)田间管理

1.温度管理

定植缓苗后，为促进根系发育，防止茎叶徒长，白天气温控制在 20～28 ℃，夜间 12～18 ℃。进入开花结果盛期后，正是外界温度较低、光照较弱的时期，温室要注意增温、保温，适当减少通风次数和通风量。白天气温不超过 35 ℃不放风，夜温保持 10～15 ℃，凌晨最低气温不低于 10 ℃。开春后，随日照时间延长和光照强度增大，要加强通风管理，使棚内最高气温不高于 35 ℃。

2.水肥管理

在施足基肥的情况下，根瓜坐住前一般不需要追肥，可根据土壤墒情浇水 1～2 次。进入开花结果期，营养生长和生殖生长同时进行，对肥水的要求加大。但此时温室内温光条件较差，不能频繁浇水，否则地温过低、湿度过大。因此，一般根瓜坐住后，10～15 d 浇水 1 次，隔 1 水追 1 次肥，每 667 m^2 施入尿素 10 kg，硫酸钾 5 kg。开春后，随着室内温光条件的好转，可加大浇水频率，每 5～7 d 浇 1 次水，隔 1 水追 1 次肥。生长后期每周喷施 1 次磷酸二氢钾、光合微肥等叶面肥料。并在大行间进行深翻松土，同时注意保护叶片，防止植株早衰，延长采收期。

3.植株调整

定植后植株开始抽蔓时应及时吊蔓。方法是在定植行上方，在温室骨架和后墙之间拉一根铁丝，铁丝上系尼龙绳，每株 1 根。然后用吊蔓夹固定人工引蔓，辅助上架。丝瓜的主侧蔓均可结瓜，通常第 1 雌花以下的侧蔓全部摘除。以后出现的侧蔓，选留生长健壮的，结 2～3 条瓜后，瓜前留 1 片叶摘心。随着茎蔓的伸长，应随时缠蔓落蔓，落蔓前摘除中下部老叶、病叶、黄叶，将吊蔓夹解开，使茎蔓自然下落，盘卧在地膜上。使茎蔓始终保持在 1.5 m 左右水平高度上，可改善通风透光条件，延缓植株衰老。

4.保花保果

丝瓜无单性结实能力，温室冬春茬栽培必须进行人工辅助授粉才能保证较高的坐果率。通常每天 8～10 时是人工授粉的最佳时机。选择花瓣大、花色鲜艳、雄蕊发达、当天开放的雄花和雌花，去除雄花花瓣，用花药涂抹雌花柱头。授粉时动作要轻，不要损伤柱头。为提高坐果率，可以进行重复授粉。严寒冬季，温室内温度低、湿度大，不利于授粉受精，也可利用坐果类激素处理雌花。可选用 25 mg/L 的坐果灵进行喷花处理。

5.收获

丝瓜以嫩瓜供食，应在果实内纤维未硬化，果面茸毛减少，果皮柔软时采收(图 1-12)。其采收适期弹性小，从开花到果实成熟仅 10～12 d。丝瓜过期采收，果实容易纤维化，种子变硬，味苦，不堪食用。故盛花期最好每隔

图 1-12　丝瓜产品

1～2 d 采收 1 次。采收以 9 时前为宜，用剪刀齐果柄处剪下。注意轻放忌挤压，以免影响商品性。

项目四 瓠 瓜

信息采集

(一)瓠瓜的栽培概况及应用价值

瓠瓜，别称瓠子、扁蒲、夜开花，葫芦科葫芦属一年生蔬菜，原产于非洲，是我国栽培的葫芦科蔬菜中最古老的一种，《诗经》中就有“幡幡瓠叶，采之亨之”的描述。瓠瓜以嫩果为食，口感细腻嫩滑，具有清热解毒、通便益气之功效。可炒食、做汤、做馅，瓜肉细腻滑爽，适合大多数人的口味。

诗经中的蔬菜

(二)瓠瓜的生物学特性

1.形态特征

瓠瓜根系发达，根系横向扩展范围大，分布半径可达 2 m，主要根群分布在 20 cm 土层内。茎蔓生，中空，上被白色茸毛，蔓长 3～4 m，卷须分叉，分枝能力强。主蔓结瓜迟，以侧蔓结瓜为主。叶片大，近圆形，绿色，茎和叶片上都生有柔软的茸毛。雌雄同株异花，花白色，较大，花柄长。雌雄花大都在夜间及早晚光照弱时开放(图 1-13)。果实形状因品种不同有长棒状、圆筒状、圆球状等。嫩瓜绿色，瓜皮密生白色茸毛，瓜肉白色，单瓜重 0.5～2.0 kg。种子三角形，乳黄色，被柔软茸毛，千粒重 100 g 左右。

1.叶片 2.雄花 3.雌花

图 1-13 瓠瓜形态特征

2.对环境条件的要求

瓠瓜起源于热带，喜温暖气候，不耐低温。种子发芽适温为 30 ℃，低于 15 ℃不发芽，植株生长适宜温度为 25～30 ℃。瓠瓜喜强光，特别是结瓜期，光照充足，有利于提高坐果率和果实发育，如遇阴雨天则易化瓜、烂瓜。瓠瓜生长势强，茎叶生长量大，结果多，整个生长期需水量较大。不耐贫瘠，在肥沃疏松、排灌方便的沙壤土上生长良好，黏壤土、低洼地种植瓠瓜易感病。

(三)瓠瓜的类型与品种

中国瓠瓜的类型和品种十分丰富，根据果实形态和大小分为 5 个变种。

1.瓠子

瓠子又称蒲瓜，在中国栽培最为普遍，品种较多。按果实长短可分为长圆柱和短圆柱两种类型(图 1-14)。长圆柱类型，如浙江的长瓠子、南京的面条瓠子、湖北的孝感瓠子等。短圆柱类型的如江苏的棒锤子、湖北的狗头瓠子等。

1　　　　2

1.长圆柱类型　2.短圆柱类型

图 1-14　瓠子果实

2.长颈葫芦

果实先端呈圆球形，向上渐细，至果柄处细而长，果实嫩时可食，老熟后可作瓢用(图 1-15 中 1)。

3.大葫芦

果实圆形、近圆形或扁圆形，横径 20 cm 左右。如温州圆蒲、日本肉葫芦等(图 1-15 中 2)。

4.细腰葫芦

果实蒂部大，近果柄部分较小，中间缢细，呈葫芦形，嫩时可食，老熟后可作容器(图 1-15 中 3)。

5.观赏腰葫芦

果实与细腰葫芦相似,但果实小,果径仅 10 cm 左右。可供观赏,无食用价值(图 1-15 中 4)。

1.长颈葫芦　2.大葫芦　3.细腰葫芦　4.观赏腰葫芦

图 1-15　不同类型的葫芦

生产计划

瓠瓜多为露地栽培,一般春季播种,夏季收获。设施栽培,可适当提早或延后。

瓠瓜露地栽培方案

(一)播种育苗

瓠瓜穴盘育苗,当幼苗具 2 片真叶时,可在幼苗的生长点用 150 mg/L 的乙烯利喷雾 1 次,以增加主蔓雌花数。但需留出 25%的幼苗不处理,以便着生雄花,提供花粉。

蔬菜搭架——“人”字架

(二)整地定植

选择向阳无遮阳、至少 3 年未种过瓜类的地块,定植前深翻土地,每 667 m^2 施入优质农家肥 3 000 kg,过磷酸钙 25 kg,硫酸钾 10 kg 作基肥。垄作或畦作,按株行距 60 cm×70 cm 定植,每 667 m^2 保苗 1 500 株左右。

(三)田间管理

1.水肥管理

缓苗后及时中耕培土,促进根系发育。生长前期结合灌水追 1 次肥,每 667 m^2 施入尿素 10 kg,促进植株生长。进入结果期后,植株需肥需水量增大,应及时灌水,每 15 天追 1 次肥,每次每 667 m^2 施氮磷钾复合肥 15 kg。

2.植株调整

植株甩蔓后及时搭架,由于瓠瓜枝叶繁茂,结果多且果实较大,故应选用粗而长的架材,搭成牢固的“人”字架或棚架。

瓠瓜以侧枝结果为主,但经乙烯利处理后,主蔓上雌花较多,而每个叶腋处又能发生侧枝,一般将基部侧枝打掉,保留中上部健壮侧枝,当侧枝上有 1～2 个果实坐果后,留 2～3 片叶摘心。如果苗期没进行乙烯利处理,则主蔓上雌花出现较晚,为促进侧蔓及早发生和结果,应于主蔓 6 片真叶时打顶,留 4～5 条子蔓,每条子蔓留 1～2 个瓜,坐住后摘心,促进孙蔓生长结果。最上部留 1 条子蔓不摘心,让其代替主蔓生长。

生长前期及时引蔓上架,使各枝条在架上合理分布,避免相互遮阳;后期要随时摘去老叶、病叶、无效侧枝,减少养分消耗,改善植株间的通风透光条件。

3.适时采收

瓠瓜以嫩果供食,通常开花后 10～15 d 即可采收,采收标准是幼果充分长大,果皮上密生白色茸毛,皮色转为淡绿并略显白色。采收过迟,果实上茸毛脱落,瓜皮变硬,果腔膨大,果肉变薄,品质下降。

项目五 金丝瓜

信息采集

(一)金丝瓜的栽培概况及应用价值

金丝瓜,别称搅瓜、面条瓜、天然粉丝等,为葫芦科南瓜属美洲南瓜种的一个变种,一年生蔓性草本植物。原产于美洲南部,我国各地有零星栽培,其中以上海崇明区的瀛洲金瓜最为著名。

金丝瓜是瓜类蔬菜中的稀有品种,嫩瓜老瓜均可食用,但以食用老瓜为主。成熟老瓜皮色金黄,将瓜横剖,除去种子,放入锅内蒸煮 10 min 或放入冰箱内速冻,取出后用筷子搅动瓜肉,即可获得面条状金丝。凉拌、炒食或做馅均可,口味清香,脆如海蜇,有“植物海蜇”之美称。金丝瓜不仅味道鲜美，并且具有较高的营养价值，其瓜肉富含多种维生素和氨基酸，具有清热解毒、健胃消食、利肝明目等食疗作用，是一种天然的营养保健食品。

(二)金丝瓜的生物学特性

1.形态特征

金丝瓜植株根系强大，主根入土深度可达 2 m，大部分根群分布在 10～30 cm 土层中，吸水吸肥能力强。茎蔓生，5 棱，有刺毛，主蔓长可达 4 m，节间长 10 cm 左右，节节具卷须。叶互生，掌状深裂。花黄色，单生，雌雄同株异花。主侧蔓均可结瓜，以主蔓结瓜为主，第 1 雌花着生在主蔓 5～8 节，以后每隔 2 节着生一朵雌花，通常单株结瓜 5～6 个。瓜为椭圆形，嫩瓜乳白色，老瓜金黄色，有明显沟棱(图 1-16)。单瓜重 1～2 kg。瓜肉厚，黄色，组织呈丝状。单瓜含种子 100～250 粒，种子扁平，白色，千粒重 150 g 左右。

1

2

1.嫩瓜　2.老瓜

图 1-16　金丝瓜果实

2.对环境条件的要求

金丝瓜原产于热带，因此喜温喜光。苗期给以短日照处理能够降低雌花节位和增加雌花数量，有利于早熟高产。果实生长期间要求有充足的光照，否则不易坐果，因此栽培期间要及时进行植株调整，防止相互遮阳和争夺养分造成化瓜。金丝瓜具有一定的耐寒力，种子萌发的最低温度为 13 ℃。植株生长的适宜温度为 20～28 ℃，当温度高于 35 ℃时，花器官发育受阻，受精不良，且病毒病发生严重，植株易早衰。金丝瓜耐旱怕涝，雨季要及时排除积水。

(三)金丝瓜的类型与品种

根据果实的颜色可分为两类，一类果皮与果肉均是金黄色，即通常所说的金瓜，此类型瓜小，品质较好，但产量较低，单瓜重 1～1.5 kg。另一类果皮浅黄色，果肉黄白色，俗称“银瓜”，单瓜重 2 kg 左右，品质较差(图 1-17)。

1

2

1.金瓜　2.银瓜

图 1-17　金丝瓜丝状果肉

近年来,我国农业科技工作者培育了拍砸金丝瓜、生砸无蔓金丝瓜等新品种,果实成熟后不用蒸煮或冷冻,直接可以拍成细丝状果肉,深得消费者喜爱。

生产计划

金丝瓜适应性强,对土壤要求不严,露地、设施均可栽培,全生育期 80～100 d,以春季栽培为主。栽培方式包括育苗移栽法和直播法。北方地区可于 4 月中旬在设施内育苗,5 月中旬定植于露地,8 月中下旬果实老熟后采收,可一直贮藏供应至冬季,一般不采嫩果供食。

金丝瓜露地栽培方案

(一)播种育苗

可选用 50 孔穴盘,单粒点播,播种后将苗盘置于催芽室,出苗前室温控制在 25～28 ℃。幼苗拱土后立即移至苗床。苗期注意温度和水分管理,防止幼苗徒长,日温控制在 25～28 ℃,夜温控制在 15 ℃,水分管理按照见干见湿的原则。日历苗龄 25 d,幼苗 2 叶 1 心时定植。

(二)整地定植

选择 3 年未种过瓜类的土地,尽量避免与种植南瓜、西葫芦的地块相邻。定植前结合精细整地,每 667 m^2 施入优质农家肥 3 000 kg 和磷酸二铵 20 kg 作基肥。做成 1.5 m 宽的平畦,匍匐栽培者单行栽植,直立栽培者双行栽植,株距 60 cm,终霜结束后 4～5 d,10 cm 土温稳定在 12 ℃以上即可定植。

(三)田间管理

1.水肥管理

定植后及时中耕培土,促进根系发育。生长前期可结合灌水追施少量尿素,促进植株生长。此后在进入结果期前尽量少浇水,防止茎叶生长过旺。开花结果初期和第 1 茬瓜采收后,分别追 1 次肥,每次每 667 m^2 施入氮磷钾三元复合肥 20 kg,可在距植株根部 25 cm 处挖穴埋施或随水冲施。进入开花结果期后，要加强肥水管理。

2.植株调整

如采用匍匐栽培，随着主蔓的伸长需及时引蔓、压蔓，使茎叶在田间分布合理，防止相互遮阳，同时还能固定茎蔓，防止被风吹翻秧苗。采用直立栽培者，当主蔓 30 cm 长时及时搭架绑蔓，并疏除基部侧枝。金丝瓜主蔓、侧蔓均可结瓜，当主蔓坐住瓜后，选留中上部 1～2 条健壮侧蔓。主蔓留 1～2 个瓜，瓜前留 5～7 片叶摘心，侧蔓留 1 个瓜摘心，使养分集中到瓜上。

3.人工辅助授粉

金丝瓜授粉不良易化瓜，人工辅助授粉能够提高坐果率。在晴天的上午选择当日开放的雄花，除去花冠，涂抹雌花柱头，每朵雄花可授 2～3 朵雌花。

4.采收与贮藏

当金丝瓜表皮转黄变硬时，即可采收。采收时要保留一段果柄，以便贮藏。选用老熟、无伤疤、无病害瓜，在阳光下晒 2～3 d，降低瓜肉的含水量，然后堆放在通风干燥的室内。金丝瓜常温下可贮存 2～3 个月，10 ℃左右的阴凉处可贮存半年之久。成熟的金丝瓜不怕霜冻，冻后味道更好。因此，冬季可于室外堆放或悬挂于屋檐下，在元旦或春节期间食用，可作为调节冬春蔬菜淡季的一种很好的补淡蔬菜。

项目六 佛手瓜

信息采集

(一)佛手瓜的栽培概况和应用价值

佛手瓜，别称菜肴梨、合掌瓜、福寿瓜等，葫芦科佛手瓜属多年生攀缘性草本植物，原产于墨西哥和中美洲，19 世纪初传入我国，在我国南方普遍栽培。佛手瓜在热带、亚热带地区为多年生，一经栽培可连续采收 20～30 年，温带地区因无法安全越冬而多作一年生栽培。

佛手瓜营养丰富，每 100 g 鲜瓜中含蛋白质 0.5～0.9 g，碳水化合物 4.9～7.7 g，粗纤维 0.3 g，钙 50 mg，磷 32 mg，铁 4 mg，维生素 C 13～22 mg，而且其含钠量低，钾和锌含量高，是肾炎患者和缺锌儿童的理想食品。其嫩瓜清脆多汁，可凉拌、炒食、做汤、做馅或盐渍，还可加工成蜜饯、果脯和饮料等，风味独特。其肥大的块根味似马铃薯，多汁的嫩梢人称“龙须菜”，均可食用。由于其栽培容易，病虫为害少，近年来各地将之作为无公害蔬菜而广泛栽培。

(二)佛手瓜的生物学特性

1.形态特征

佛手瓜初始根系为弦状须根型，肉质，白色，随后逐渐伸长、加粗、半木质化。根系多平展向四周，分布较广，栽培 2 年后能形成甘薯状块根。茎蔓生，长可达 10 m 以上，光滑，横切面圆形，具纵沟，近节处有茸毛，茎节处生卷须，3～5 个分叉，与叶片对生，分枝能力强，主蔓每节都生子蔓，子蔓又生孙蔓，侧蔓易结实。叶互生，掌状全缘，叶面粗糙，叶背上具茸毛。花较小，淡黄色，雌雄同株异花，雌花单生或双生，雄花为总状花序，花序轴长 8～18 cm，一般着生雄花 10 朵(图 1-18)。瓜形近似梨形，上有不规则浅纵沟，似两手合拢拜佛状，故称“佛手”。表皮白色或绿

1

2

1.雌花和雄花花序　2.叶片

图 1-18　佛手瓜形态特征

色，果肉白色，单瓜重 300～600 g，极耐贮运。果实顶端膨大处有种子一枚，果实与种子不易分离，种子在贮藏过程中能自然萌发，叫作"胎萌"（图 1-19）。

图 1-19　佛手瓜"胎萌"

2.对环境条件的要求

佛手瓜喜温暖气候，不耐热也不耐寒，地上部分遇霜即枯死。其适宜生长温度为 20～25 ℃，温度高于 30 ℃生长迟缓，能短时间耐 40 ℃高温，可以安全越夏。佛手瓜是一种典型的短日性作物，耐荫蔽，在长日条件下不开花结果。北方栽培，在夏季给予适当遮阳，能促使其提前开花结果。佛手瓜根系分布较浅，且枝叶繁茂，需水量大，既不耐旱，又不耐涝，要求土壤经常保持湿润状态。佛手瓜单株可结瓜 300～500 个，产量高，因此需肥量大，宜选择肥沃、疏松、排灌方便的壤土或沙壤土种植。

（三）佛手瓜的类型和品种

1.绿皮种

生长势强，瓜蔓粗而长，叶茂盛，结果多，瓜较长而大，皮色深绿，具稀疏刚刺，地下部分能产生块根。

2.白皮种

长势较弱，蔓细而短，结瓜少，瓜较圆而小，皮色白绿，光滑无刺，瓜肉组织致密，糯性，味佳。

生产计划

佛手瓜为典型的短日性植物，在北方栽培始花期在 9 月上中旬，如环境条件适宜，结果期可延至 11 月中旬，此时正值初霜期，采用露地栽培，防寒保温较困难，易遭霜冻。采用日光温室和露地相结合的栽培方式，3 月上中旬在日光温室内定植，夏季揭除塑料薄膜进行露地管理，9 月中旬覆盖薄膜，使其在棚内开花结实。这样可延长采收期，增加果实产量。

佛手瓜多年生栽培方案

(一)种苗繁育

1.整瓜繁殖

佛手瓜的每个果实内只有一颗种子，而且种皮与果肉紧密结合，难于分开。种皮为肉质膜状，没有防止种子失水的功能，故当种子剥离果实后，极易干瘪，很快丧失生命力。因此，栽种佛手瓜多以种瓜为繁殖材料。选择个头肥壮，表皮光滑润薄，蜡质多，微黄色，茸毛不明显，芽眼微微突起，无伤疤破损，充分成熟的瓜做种瓜。11 月上旬将种瓜套塑料袋放入筐中置于室温下贮藏，11 月下旬移入气温 15～25 ℃处催芽，12 月上旬后，当种瓜顶部生出较多根系时，移入直径 25 cm 的花盆，每盆一株。将种瓜发根一端朝上，直栽于盆中，然后瓜上覆细砂土 5～6 cm，暂不浇水，防止种瓜霉烂，为保湿可盖地膜。育苗期间严格控制浇水，以防幼苗徒长或烂瓜，发芽期主要依靠种瓜中养分和水分供幼苗生长。若有烂瓜，只要幼苗根系正常，可用手轻轻扶住幼苗，取出烂瓜，填土盖好，仍不影响育苗。育苗适温 15～20 ℃，保持良好的通风透光条件。若幼苗徒长，则留 4～5 片叶摘心，发出侧芽后，保留 3～4 条蔓即可，多余的芽及时摘掉(图 1-20)。此外还应注意苗期绝对不能用人粪尿，因为佛手瓜对人粪尿很敏感，施用后会很快枯死。利用此法育苗，出苗率一般为 50%～80%，成苗率一般为 40%～70%。

图 1-20　整瓜繁殖的佛手瓜幼苗

2.光胚繁殖

光胚繁殖又称裸胚繁殖。种瓜将要萌发时，种皮与胚极易分离，这种不带种皮的胚叫做光胚。将种瓜先行催芽，待瓜内胚根、胚芽和子叶等发育膨大至一定程度时，种子脱离胚座，瓜的缝合线裂开小口，子叶基部夹着胚伸出果实外，待幼芽长至 3～5 cm 时，两手轻掰佛手瓜先端缝合线，当缝合线裂口增大至 1 cm 左右时，轻轻拨动子叶，待整个子叶活动即可将胚全部取出。取胚时不必将瓜掰成两半，这样对瓜的损伤小，可上市或继续存放。取胚时不会损伤胚，即使受轻微损伤，对幼苗影响也不大。将光胚播于湿沙土中，胚根朝下，芽口朝上，覆土 5～6 cm，播种后即浇水，以后经常检查苗床的湿度，保持苗床湿润。其他管理方法与整瓜繁殖相同。光胚繁殖出苗率和成苗率可达 100%，且易于贮藏，便于运输。

3.扦插繁殖

采用扦插繁殖需提前利用整瓜或光胚育苗，一般于 11 月份在温室育苗，以延长苗期，促使幼苗多发壮枝。春季选择生长健壮的茎蔓剪成具有两个节间的插穗，将下面一节的叶片去除，并将插穗的下端浸入 100～500 mg/L 的萘乙酸或吲哚乙酸水溶液中 10 min，然后插入装有蛭石、沙等的育苗盘或营养钵中，置于 18～24 ℃条件下，扣塑料薄膜保湿，并遮阳。当幼苗具有 3～4 片叶时定植田间(图 1-21)。

图 1-21　脱离种瓜的幼苗

4.块根繁殖

霜降前采收完果实，将块根挖出，在室内用湿沙保存，翌年清明前后将其置于 25 ℃条件下催芽，然后把出芽的块根切成数块，每块带有 2～3 个幼芽，将切口消毒，稍晾即可栽种。

(二)整地定植

定植前深翻土地，然后挖长、宽、深各 1 m 的定植穴，每穴施入腐熟有机肥 25 kg，尿素 250 g，过磷酸钙 300 g，氯化钾 60 g，与土壤拌匀回填于穴内，灌足水后于次日定植。定植株行距 (4～6) m×(4～6) m，通常每 667 m^2 定植 15～25 株，以利于互相授粉。佛手瓜前期生长缓慢，单位面积株数少，只占用栽培行间很小的面积，不影响棚内冬春茬或春茬果菜类生产。7 月份果菜类拉秧后，佛手瓜开始迅速生长，逐渐占据全园。因此佛手瓜可与早春黄瓜、番茄、辣椒、菜豆等进行间套作，这样可充分利用土地，提高经济效益。

(三)田间管理

1.搭架整蔓

佛手瓜生长旺盛，分枝能力强，需及时整枝搭架。每株从基部选留生长强健的 3～4 个蔓，其余均剪除。在棚室的骨架和立柱上拉设铁丝搭成棚架，当蔓长至 30 cm 时，人工引蔓上架并使其均匀分布于架上。佛手瓜植株多在子蔓和孙蔓上结果，待子蔓长至 150 cm 左右摘心，长出孙蔓后则任其无限生长，但要注意将爬到架上的瓜蔓整理好，使其均匀分布。卷须及后期从主蔓基部发出的新芽要及时抹掉，以免与结瓜蔓争夺养分。

2.水肥管理

定植时浇足定植水，以后 1 个月内不宜灌大水，保持定植穴湿润即可。7 月份以后生长加快，对水分的需要量加大，每 7～10 d 灌水 1 次，并在根系周围盖碎草，保持土壤水分，防止土面板结。佛手瓜追肥宜早不宜迟。第 1 次追肥应于 6 月上旬进行，在距苗根部 30～40 cm 处开环状沟，每株施入腐熟有机肥 5 kg，过磷酸钙 0.5 kg 或氮磷钾复合肥 1 kg，覆沟后浇水。7 月上中旬第 2 次追肥，距苗根 60 cm 处开环状沟埋施，每株施腐熟有机肥 10 kg，过磷酸钙1 kg，草木灰 3 kg 或复合肥 1 kg，施肥后及时浇水。9 月上旬在植株 90 cm 处开环状沟埋施肥料，每株追施腐熟有机肥 10 kg 或复合肥 1 kg。

3.保花保果

佛手瓜在北方栽培于 8 月下旬出现雌花，但是雄花要比雌花晚开 5～6 d。早开的雌花常因未能及时授粉而枯萎化掉，可用 200 mg/L 的赤霉素溶液喷施，促使雄花早开，或用 15～20 mg/L的番茄灵溶液蘸花，这样可以使早期开放的雌花结成无籽瓜，提早上市。后期需进行人工辅助授粉，提高结实率。

4.覆膜后管理

随着外界气温的降低，9 月上旬覆盖棚膜。覆盖薄膜之后气温较高，白天应加强通风，既防止高温为害，又利于授粉结实。

5.采收和贮藏

花谢 15～20 d 后，果皮鲜绿，果肉尚未硬化时宜采收嫩瓜。留种用瓜应在花后 40～50 d，果实充分成熟时采收（图 1-22）。佛手瓜贵在秋冬上市，因此应着重在霜降前采收加以贮藏；加工用者，应待皮色转淡绿，果肉稍硬时采收。

图 1-22　佛手瓜结果状

采收应在晴天的10时以后或下午，这时瓜皮较干燥不易发生机械损伤，摘瓜时应从瓜柄中部剪断或掐断，切不可猛扯，以防扯坏枝蔓。采到后要轻拿轻放，并用纸逐个包好，装筐上市或贮藏于室内，贮藏室温度要控制在9～10 ℃，空气相对湿度在85%～90%。贮藏期间如发现佛手瓜已长出胚根，及早掐去则可继续贮存，不影响食用品质。

佛手瓜食谱

佛手瓜炒鱿鱼 佛手瓜洗净，切成细丝，柿子椒切丝，葱切斜片。鱿鱼切段、焯水，油锅烧热，放入葱、鱿鱼段、佛手瓜、柿子椒翻炒，调味炒熟即可。

凉拌佛手瓜 佛手瓜、红椒、青椒洗净切丝，放入沸水中焯烫一下，捞出，放入酱油、白糖、味精拌匀，盛盘即可。

佛手海蜇 佛手瓜洗净，切成细丝，海蜇用水泡好。放入盐、醋、糖、辣椒油拌匀即可食用。

佛手鸡片 炒锅烧热，放入油烧至三四成热时，倒入鸡脯肉片翻炒，待鸡脯肉片变白时倒入佛手片、胡萝卜片，放入清汤、精盐、味精，待菜熟淋入湿淀粉。

拓展阅读

砍瓜 葫芦科南瓜属一年生草本植物，是近年来从中国南瓜中选育培养出的一个变种。其果实为长圆柱形，果长50～80 cm，因其果实在生长期间可随吃随砍，伤口能迅速愈合，不影响果实继续生长，故称为“砍瓜”（图1-23）。砍瓜皮薄肉嫩、香糯可口，可用于炒食、煲汤、馅食等。因其可以砍食的特点，特别适于庭院小规模栽培。

1　　　　2

1.果实　2.砍下一段的果实切面

图1-23　砍瓜果实

老鼠瓜 葫芦科栝楼属一年生草本植物，原产印度、马来西亚一带，观赏食用兼得，单株结瓜30～50个，单瓜重350～600 g，幼瓜白带绿花纹，远看如一只老鼠，所以称老鼠瓜，果实成熟后变橙红色，有类似蛇瓜的红色瓜瓤（图 1-24）。嫩瓜可炒菜或做汤，口味清香。适宜在科技园区和庭院种植，观赏食用兼得。

图 1-24　老鼠瓜果实

飞碟瓜　又称齿缘瓜、扁圆西葫芦，葫芦科南瓜属美洲南瓜的变种。以嫩果供食，味道与西葫声相似，水分含量低，肉质致密、细腻，可凉拌、炒食、做汤、做馅，或放入肉馅制成美味瓜盅。其果实外形美观，颜色、形态各异，具有很高的观赏价值，适合盆栽，是农业生态旅游项目中一种很好的观赏蔬菜（图 1-25）。其老熟果实可以储藏把玩半年以上。

金皮西葫芦　系葫芦科南瓜属美洲南瓜种中皮色金黄的品种，由于其嫩瓜色泽浅黄，艳如香蕉，又被称为“香蕉瓜”（图 1-26）。金皮西葫芦以嫩瓜供食，营养丰富，富含人体所需要的各种无机盐、氨基酸和维生素等，可炒食、做汤或做馅，其口感细腻，肉质脆嫩，食用品质优于其他皮色的西葫芦。此外，由于其果实颜色亮丽，也可用于观赏盆栽。

图 1-25　形态各异的飞碟瓜

节瓜 又称毛瓜，毛节瓜，葫芦科冬瓜属冬瓜种的变种，一年生攀缘植物，原产于中国南部，是广东省的特产蔬菜。其植株、叶、花等与冬瓜非常相似，因此也称小冬瓜(图 1-27)。节瓜嫩瓜、老瓜均可食用，肉质细腻，柔滑清淡，具有清热解毒、利尿消肿的食疗作用，是肾病患者的保健佳蔬。与冬瓜相比较，其第一雌花节位低，开花结果迅速，成熟期较早，瓜形较冬瓜小，便于当代小家庭食用，所以很受消费者喜爱。

图 1-26　金皮西葫芦

图 1-27　节瓜果实

小创意——怎样种出带字的南瓜?

观赏南瓜 葫芦科一年生草本植物，属于南瓜的变种，其种类繁多，果形新奇，颜色各异，具有较高的观赏价值。既能在露地、温室种植，又可盆栽，是一种观赏和食用兼具的蔬菜，近年随着我国休闲农业的发展，观赏南瓜已成为休闲农业园的主栽品种。

观赏南瓜品种很多，现在普遍栽培的品种主要有金童、玉女、鸳鸯梨、龙凤瓢、瓜皮、皇冠、金蛋、香炉、丑小鸭、金色年华、黑地雷、白皮沙田柚、花脸、子孙满堂、白玉等(图 1-28)。

拇指黄瓜 近年来选育出来的超小型水果黄瓜新品种，葫芦科黄瓜属一年生草本植物。其果实为圆筒形，小巧玲珑，果长 4～5 cm，平均单重约 30 g，无瓜把，果面光滑无刺，有光泽(图 1-29)，特别适合家庭盆栽和农业观光园区栽培，深受消费者喜爱。

小创意——造型西瓜

拇指西瓜 别称“佩普基诺”，墨西哥酸黄瓜，葫芦科马㼎儿属一年生攀缘性草本植物。拇指西瓜是起源于中美洲的一种野生植物，2011 年开始我国作为珍稀蔬菜引入栽培。拇指西瓜果实椭圆形，瓜皮花纹类似普通西瓜(图 1-30)，但果实长度仅有 3 cm 左右，单果重 5～7 g，如樱桃番茄般大小，单株可结果 60～100 个。拇指西瓜在国内很多农业观光园区作观赏栽培。其果实可直接连皮带瓤食用，内瓤为青绿色，口感如黄瓜般清脆爽口，味甜酸。也可做成蔬菜沙拉或西瓜小炒。由于目前栽培面积小，产量低，故多作为高档蔬菜销售。

1.香炉　2.鸳鸯梨　3.金色年华　4.瓜皮　5 丑小鸭　6 子孙满堂　7.皇冠

图 1-28　观赏南瓜

1.金童　2.玉女

图 1-29　拇指黄瓜果实

图 1-30　拇指西瓜果实

单元小结

瓜类特菜均为喜温性蔬菜，种类丰富，形态各异，有些品种既可食用，又极具观赏价值。瓜类蔬菜根系木栓化较早，必须护根育苗；茎具攀缘性且分枝性强，应根据栽培类型，选择适宜的整枝方式；均为雌雄同株异花植物，设施栽培必须采取保花保果技术，一般采取人工授粉或激素处理方式；需肥量大，在施足基肥的基础上，结果期要给予追肥，并加强水肥管理，才能获得较高产量。

单元自测题

1.苦瓜有哪些营养价值和药用价值？
2.日光温室栽培苦瓜怎样定植和整枝？
3.蛇瓜如何进行种子播前处理？
4.普通丝瓜和棱丝瓜有什么区别？
4.瓠瓜的类型和品种有哪些？
5.瓠瓜育苗时为什么要用乙烯利处理？
6.金丝瓜露地栽培时怎样进行植株调整？
7.金丝瓜如何进行采收贮藏？
8.佛手瓜有哪些繁殖方式？
9.简述佛手瓜整地定植、植株调整和施肥技术要点。
10.佛手瓜如何进行采收和贮藏？

单元二

茄果类特菜

知识点 茄果类特菜的种类和应用价值；茄果类特菜的生物学特性和品种类型；茄果类特菜的高效栽培技术。

技能点 小型番茄植株调整；小型番茄保花保果措施；南美香艳茄繁殖方法；南美香艳茄植株调整；彩色甜椒的整枝留果；酸浆植株调整。

职业素养 自主学习，触类旁通；躬身实践，知行合一；创新思维，合作意识。

茄果类特菜包括小型番茄、南美香艳茄、彩色甜椒、酸浆等，均为茄科以果实为产品的稀特蔬菜。其中，小型番茄、彩色甜椒是普通蔬菜的变种，因此在形态特征和栽培习性上与番茄、辣椒和茄子有许多相似之处。茄果类特菜的共同特点是分枝性较强，营养生长与生殖生长同时进行，栽培中需及时整枝打杈，创造适宜的株型以利于开花结果。茄果类特菜对光周期不敏感，只要营养充足，就可以正常生长发育。对环境条件的要求相似，均要求温暖湿润的环境和充足的光照，耐旱不耐湿，设施栽培易落花落果。

项目一 小型番茄

信息采集

（一）小型番茄栽培概况和应用价值

小型番茄，亦称樱桃番茄，是茄科番茄属半栽培亚种中的变种，起源于南美洲的秘鲁、玻利维亚等地。其特点是单个果穗可着果10个至数十个，果小，单果重仅10～30 g。果色鲜艳，形状各异。因其口感酸甜适口，冬春季节多作水果销售，经济价值远高于普通番茄。

(二)小型番茄的生物学特性

1.形态特征

小型番茄的基本形态特征与普通番茄相似。根系较发达,移栽苗有较长的侧根,大部分根系分布于 30 cm 土层中。茎直立或半蔓性,株高 120～180 cm,分枝中等强,叶密生,裂片长形,先端渐尖。花序为总状或复总状(图 2-1)。果实有樱桃形、梨形、李形和桃形,2 心室,偶有 3 心室。单果重 10～30 g。种子心脏形,很小,有绒毛,千粒重 3 g 左右。

图 2-1 小番茄的总状花序

2.生育周期

(1)发芽期 从种子萌发到第 1 片真叶出现(破心)为止,正常温度条件下需 7～9 d。

(2)幼苗期 从第 1 片真叶出现至第 1 花序现大蕾为幼苗期,需 60～80 d。

(3)开花坐果期 小型番茄是连续开花坐果作物,从第 1 花序出现大蕾至坐果这段时间为开花坐果期,需 30 d 左右。

(4)结果期 从第 1 花序坐果到拉秧为结果期。

3.对环境条件的要求

(1)温度 适宜在温暖的气候条件下生长,植株生育适温为白天 24～26 ℃,夜间 18 ℃左右。如果白天温度适宜,夜间温度即使降至 13 ℃,也能发育良好,甚至短时间处于 5 ℃以下的环境中,植株也无大碍。种子发芽适宜温度为 25～30 ℃。

(2)光照 喜光怕阴,适宜光照强度为 30～50 klx。光照不足,幼苗和植株均易徒长,造成花芽分化不良,开花数少,且易落花落蕾,坐果率低。因此在栽培中必须经常保证良好的光照条件。

(3)水分 小型番茄属于半耐旱蔬菜，适宜的空气相对湿度为45%～50%。幼苗期生长较快，为避免徒长和发生病害，应适当控制浇水。第1花序着果前，土壤水分过多易引起植株徒长，根系发育不良，造成落花。第1花序果实开始膨大后，枝叶迅速生长，需要增加水分。尤其是盛果期需要大量水分供给。

(4)土壤营养 小型番茄对土壤的要求不太严格，但土层深厚、肥沃、通气性好，排灌方便的土壤种植产量高。土壤适宜pH为6.2～7.2。据报道，每生产5 000 kg果实，需要从土壤中吸收纯氮10 kg、磷酸5 kg、氧化钾33 kg。

(三)小型番茄的类型和品种

1.果实形状

(1)樱桃番茄 果实球形，直径1.5～2.2 cm，2心室，有大红、金黄等颜色，单果重10～30 g。代表品种有美味樱桃番茄(图2-2中1)。

(2)李形番茄 果实椭圆形，果长2.5～3.0 cm，直径1.5～2.0 cm，果形指数1.5～2.0，2心室，肉厚，果色红色，代表品种有红李、圣女等(图2-2中2)。

(3)梨形番茄 果实洋梨形，果长约4 cm，果形指数1.5～2.0，2心室，肉厚，果色有大红、粉红和黄色，单果重15～30 g。代表品种有日本的黄洋梨和红洋梨(图2-2中3)。

(4)桃形番茄 果实球形，果顶有尖状突起，直径3.5～4.5 cm，2心室，果实有粉色、黄色，单果重40～50 g，代表品种有春桃(图2-2中4)。

2.果实颜色

小型番茄常见果实有红、粉红、黄、橘黄等色，还有一种青苹果番茄，俗称“贼不偷”，这种番茄的幼果和普通番茄一样是青绿色，果实成熟时它仍然是绿色，只是光泽稍有差异(图2-2中7)。近几年育种工作者又培育出了象牙白(图2-2中6)、紫红、紫黑(图2-2中5)及彩色花纹小番茄品种。

生产计划

小型番茄的栽培季节和方式与普通番茄基本相同。但由于其生长期较长，更适合于设施反季节栽培。具体茬口安排如下。

1.温室越冬春茬

采用节能型日光温室和现代化连栋温室较为适宜。播种期为8月下旬至9月中旬，苗龄35～40 d，10月定植，12月开始采收，翌年6月下旬拉秧。

2.塑料大棚春早熟栽培

1月下旬至2月中旬播种育苗，3月定植，5月中旬开始采收。每株留4～5穗果，采收期50～60 d，7月初或7月中旬拉秧。

3.塑料大棚秋延后栽培

播种期在6月中旬至7月初，苗龄30 d左右。每株留5穗果，9月中旬或10月初开始采收。10月底或11月初霜冻到来前及时拉秧。

1.樱桃番茄　2.李形番茄　3.梨形番茄　4.桃形番茄
5.紫黑色小番茄　6.象牙白色小番茄　7.青苹果番茄

图 2-2　小型番茄品种类型

小型番茄塑料大棚春早熟栽培方案

(一)品种选择

小型番茄品种繁多,宜选用抗逆性强,果实糖度高、品质好的品种,目前市场上比较受欢迎的品种有碧娇、千禧、409 等。如作为休闲农业园区观光采摘,可同时搭配种植果实颜色、形状不同的多个品种,增强观赏性和科普性。

(二)播种育苗

选用 128 孔穴盘育苗,催芽室温度控制在 25～30 ℃。幼苗出土移至苗床,日温降至 20～25 ℃,夜温降至 15 ℃,保持光照充足,水分管理见干见湿。日历苗龄 40～50 d,幼苗 3 叶 1 心时定植。

(三)整地定植

定植前深翻土地,每 667 m^2 施有机肥 5 000～7 000 kg。做 1.5～2.0 m 宽的平畦或小高畦,每畦栽两行,行距 70～80 cm,株距 50 cm,每 667 m^2 栽 2 000～2 600 株。穴盘苗采用移栽器定植,可极大提高工作效率。定植后铺滴灌管、覆盖地膜。

番茄移栽器定植

(四)田间管理

1.温度管理

定植后一周内闭棚保温,缓苗后要及时通风降温,日温保持25～28 ℃,夜温 15 ℃。之后随外界温度升高,逐渐加强通风。

2.水肥管理

小型番茄的肥水管理侧重于"控"。大肥大水易使果实糖分降低,裂果增多,影响产量和品质。因此,肥料供应应以基肥为主。基肥不足可在第 3 花序开花时开始追肥,基肥充足则于第 5 花序开花时开始追肥。追肥原则上每月 1 次,每次每 667 m^2 施复合肥 20 kg。

3.植株调整

小型番茄属无限生长类型,需吊绳栽培。随着植株生长需多次调整吊秧夹的位置,保持植株直立生长。整枝方式常采用单干法,只保留主茎,摘除全部叶腋内的侧枝。以收获 6～8 穗果为目标的,多采用垂直弯头式的引蔓方式(又称倒"U"形),即先垂直向上引蔓至最后一穗果后(即第 7 或第 8 穗花序),再令蔓呈下垂姿势,并向前留 2 片叶摘心。设施栽培小型番茄,为延长生育期和供应期,能收获 15～16 穗果实,获得较高产量。因而应提高支架高度,架高达 1.5～1.6 m,并采用斜向横引,使主蔓呈"L"形,降低了植株高度(图 2-3)。或者待下部果实采收后,打掉老叶,将下部的茎盘绕于地表用土埋住,俗称盘条,这样可以降低植株高度,便于管理和果实的采摘。

小番茄横向引蔓法

番茄电动授粉器授粉

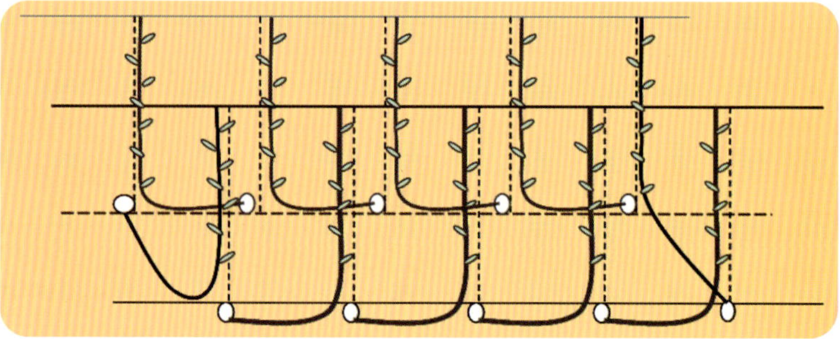

图 2-3　小型番茄横向引蔓法示意图

小创意——零食番茄

4.保花保果

可通过电动授粉器进行辅助授粉，也可以采用 25 mg/L 的番茄灵进行喷花处理。对于果穗较长的品种，喷花应分两次进行。

5.采收

小型番茄均在果实成熟时采收。由于植株果穗乃至同一穗上的果实均是陆续生长、成熟、采收的，因此，采收较费工。采收时，应从果柄的离层处摘下，要注意保留其完整的萼片。对于黄果品种，由于其果实成熟后很快衰老劣变，故可在果实八成熟时采收。包装以硬纸箱为宜，以免压伤。也有部分品种可成串采收（图 2-4）。

1　　　　2

1.单果采收　2.成串采收

图 2-4　小番茄采收

项目二　南美香艳茄

信息采集

（一）南美香艳茄的栽培概况和应用价值

南美香艳茄，又称人参果，茄科多年生草本植物，原产南美洲安第斯山脉北麓的秘鲁，新西兰、澳大利亚、日本多有栽培。我国华南植物园于 1985 年最早由新西兰引入，当时称为“珍稀水果”。近年来随着特菜种植业的发展，我国南北各地都有零星栽培。

香艳茄浆果成熟后爽甜清香，柔软多汁，营养丰富。据测定，每 100 g 鲜果含糖 5.91 g，粗脂肪 0.3 g，蛋白质 0.29 g，维生素 C 30～50 mg，并富含钾、钙、钼、锌、磷等矿物质和多种氨基酸，尤其是钙的含量较高，其营养成分对高血压和糖尿病患者大有助益。成熟果可作水果生食，绿熟果和成熟果均可作蔬菜凉拌或炒食，还可以加工成果酱、果汁、罐头等。

香艳茄果实色彩艳丽，结果期长，适宜居室阳台盆栽或庭院种植，作为盆景栽培具有很高的观赏价值(图 2-5)。此外，其茎叶含粗蛋白质高达 21.88%，还是畜禽的良好青饲料。通常每 667 m^2 香艳茄夏秋季每天修剪的嫩茎叶可供 8～10 头成龄猪食用。

图 2-5 盆栽香艳茄

(二)香艳茄的生物学特性

1.形态特征

香艳茄根系发达，株高 80～100 cm。分枝萌发力极强，茎秆不太坚硬，表面有不规则的棱。叶片长卵形、绿色，长 12～15 cm，宽 4～6 cm，单叶全缘或有裂刻(图 2-6 中 3)。聚伞花序，每个花序有花 10～20 朵不等，花冠白色或浅紫色，每个花序可着果 1～6 个不等(图 2-6 中 1)。果实为浆果，椭圆形或长椭圆形，嫩果绿色或黄绿色，间有紫色条纹，成熟果外皮紫色或黄色带深紫色花纹(图 2-6 中 2)。单果重 200～500 g，300 g 左右的果实品质较好，大型果中心有空洞。香艳茄结果期长，可多次采收，陆续供应市场需要。成熟的果实较耐贮藏，冬季在室内不采取任何保鲜措施可贮藏2～3 个月；单果含种子 20～100 粒，种子极小，千粒重 0.8～1.2 g。

1.花序 2.果实 3.叶片

图 2-6 南美香艳茄形态特征

2.生育周期

(1)发芽期 从种子发芽开始到第1片真叶出现为发芽期。播种后7～15 d发芽出土,种子发芽的适宜温度为25～30 ℃,出土后3～5 d长出第1片真叶。

(2)幼苗期 从第1片真叶出现到第1个花序现蕾为幼苗期,适温条件下需60～70 d。扦插的枝条3～5 d可萌发新根,随着根系生长,不断萌发侧枝。幼苗期进行花芽分化,培育壮苗有利于花芽分化正常进行。

(3)开花结果期 从第1花序出现至结果采收完毕为开花结果期,开花结果初期,植株以营养生长为主逐渐转向以生殖生长为主,在这个转折时期,植株和果实同时生长,是消耗水分和养分最多的时期。以后以开花结果为主,生产上要满足这一时期对肥水的要求,才能获得高产。其结果期的长短差异很大,这与管理水平有密切的关系,结果期短的只有3～4个月,长的可达2年,若以观赏为目的时,能多年陆续开花结果。

3.对环境条件的要求

香艳茄对环境适应能力强,我国南北方均可种植,在有霜地区多一年生栽培。喜温暖凉爽气候,在15～30 ℃条件下生长结果良好,适宜温度为18～20 ℃,8 ℃以下不能正常结果,接近0 ℃则会发生冻伤及冻害。当气温超过30 ℃时,植株生长不良,开花不坐果。空气湿度高时茎上会生出短气生根,对土壤湿度要求也较高,土壤干旱、空气干燥不利于生长。在各类土壤上均能栽培。

(三)香艳茄的类型和品种

南美香艳茄栽培面积不大,常用栽培品种主要有以下3种。

(1)阿斯卡 幼果绿色,成熟果有深紫色条纹,果长卵形或椭圆形,结实率高。叶片基部有小裂片,平均单果重200 g,最大单果重500 g,单株结果可达40个。耐高温,生长势强。果肉适加工。

(2)长丽 幼果绿色,长卵形,成熟果有明显的紫色条纹,平均单果重100～150 g,最大单果重250 g,单株最多结果50个,抗逆性强。

(3)大紫 果椭圆形,幼果有明显紫色花纹,成熟后花纹不明显,果面大部分为紫色。平均单果重150～200 g,最大单果重450 g,单株结果35个以上。叶片大,适应性广。

生产计划

南美香艳茄从播种到收获需7～9个月,生长期较长,北方地区适合设施栽培。主要栽培茬次如下。

1.日光温室早春茬

12月至翌年1月育苗,2月定植,4月下旬开始采收,春夏季供应市场。

2.日光温室越冬茬

7—8月播种育苗,9—10月定植于日光温室,11月中下旬开始采收,直到翌年6月末生产结束。

3.塑料大棚春早熟栽培

2月中旬育苗,3月中下旬定植于塑料大棚,5月中下旬开始采收。

南美香艳茄日光温室越冬茬栽培方案

(一)播种育苗

1.种子繁殖

香艳茄种子无休眠期,一年四季均可播种。采用128孔穴盘育苗,育苗方法参照小型番茄。

日历苗龄 35～40 d，幼苗 3 叶 1 心时定植。

2.扦插繁殖

香艳茄无性繁殖率极高，每株每年可扦插繁殖 200 株以上。取长度 10 cm 左右的嫩枝作插条，去掉下部叶片，留上部小叶 3～4 片，插入土中 4～5 cm。气温 15 ℃以上 1 周左右即可生根，不需任何激素处理。20～40 d 即可定植。冬季棚室内温度达 10 ℃以上时即可进行扦插，扦插后在茎基部铺草保温。

(二)整地定植

温室越冬栽培，采收期较长，应施足基肥。每 667 m^2 施优质农家肥 5 000～8 000 kg，深翻耙细。做成大行距 80 cm，小行距 50 cm 的大小垄，垄高 20～30 cm。定植时按株行距开沟，沟内浇足定植水，如采用单干整枝，按株距 30 cm 摆苗，如采用双干或三干整枝，则按株距 60 cm 摆苗。定植后第 3 天合垄，整平垄面，铺设滴灌管。

(三)田间管理

1.温湿度管理

定植初期时温度较高，缓苗后白天加大通风，防止植株生长过旺。进入 10 月份以后，随着温度的降低，逐渐减少通风量，并及时覆盖棉被保温。冬季棚内温度是香艳茄能否开花结果的关键，如低于 10 ℃，则不能正常开花结果，因此，严冬季节必须保证温室内最低温度不低于 10 ℃，最好能达到 12 ℃，以保证香艳茄能够正常开花坐果。冬季棚内湿度偏大时，于晴朗中午适当通风排湿。开春以后，遇晴朗天气，棚内温度达到 30 ℃时开始缓慢通风，并可降低湿度。外界最低温度稳定在 15 ℃时，夜间可不关闭放风口，进入初夏逐步炼苗撤膜。夏季温度超过 35 ℃时用 30％遮阳网遮阳。

2.水肥管理

定植时浇透水，坐果前土壤不十分干旱一般不浇水。如十分干旱，可浇小水。不宜浇大水，防止茎叶生长过旺影响开花坐果。待第 1 花序坐果后浇第 1 次大水。结合浇水追施第 1 次肥，每 667 m^2 施复合肥 20 kg。以后保持土壤见干见湿，每 5～7 d 浇 1 次水。每浇 2 次水追 1 次肥，每次每 667 m^2 施磷酸二铵 15 kg 和硫酸钾 10 kg。入冬以后尽量控制浇水，以防冬季地温降低。

3.整枝吊秧

香艳茄整枝方式有两种：一是单干整枝，二是双干或三干整枝。单干整枝仅留一条主枝生长结果。双干或三干整枝当株高 20 cm 以上时，在 15～20 cm 及以上部位合理选留包括主枝在内的 2～3 个健壮枝条，或在 4～6 片叶时摘心，促发 2～3 条健壮侧枝留作结果枝。其余萌芽一律抹去，以集中营养。以后每 10 d 左右抹 1 次。所选留的分枝抽生 10 cm 以上时，其上腋芽也随时抹去，仅保持主茎尖不断伸长，不断开花结果。定枝后及时吊秧，每个枝条吊 1 根绳，以改善通风透光条件，提高坐果率和果实品质(图 2-7)。

4.疏花疏果

第 1 穗花序因叶片营养面积不足一般不留果，应及早疏去。从第 2 个花序开始留果，第 3 个花序疏去，第 4 个花序留果。每穗花序留果 3～4 个。这种留果法有利于扩大叶面积，同时避免了 2 穗花序间果实膨大对养分的争夺。如果各花序连续留果，则每个花序只留 2 个果实，其余皆疏去，保证每个果实都得到充足的养分。香艳茄的花有白色和紫色两种，白色花为不完全花，不能正常授粉坐果；紫色花为完全花，可正常授粉坐果。在疏花时，应去白花留紫花。

图 2-7 香艳茄旺盛生长状

5.采收

香艳茄多作水果销售，果实必须达到自然成熟才香甜可口。高温季节，开花后需 60 d 左右，适温条件(20 ℃)开花后 80～90 d，果实充分转色时即可采摘上市。采摘时注意不要碰伤果实，用剪刀剪断果柄，摘后用软纸包装，装箱运输或贮藏。用此方法采摘的果实，10 月份放于室内，40～60 d 仍保持完好。上市前精选塑封包装(图 2-8)。

图 2-8 包装上市的香艳茄果实

项目三 彩色甜椒

信息采集

(一)彩色甜椒的栽培概况及应用价值

彩色甜椒又称大椒,是甜椒的一种,与普通甜椒不同的是其果实个头大,果肉厚,平均单果重200～400 g,最大单果重可达550 g,果肉厚度5～7 mm。果形方正,果皮光滑、色泽艳丽,有红色、黄色、橙色、紫色、浅紫色、乳白色、绿色、咖啡色等多种颜色。彩色甜椒营养价值高,果肉中含有丰富的维生素C和β-胡萝卜素。其口感甜脆,适合生食,可作为宾馆、饭店、酒楼的高档配菜和节日礼品菜,在观光农业园区可作为观赏和食用兼用的蔬菜品种。

(二)彩色甜椒的生物学特性

1.形态特征

彩色甜椒属浅根植物,同其他茄果类作物比较,其根系分布较浅,根量较少。因此,吸收能力差,抗逆性差,不耐旱。加之根系对氧气的要求较高,故又怕涝,淹水后植株极易死亡;茎直立,分枝习性属无限生长,为典型的二杈分枝。植株分杈处生长第1朵花,之后不断发生两杈分枝,不断着花;单叶互生,叶面光滑,无缺刻,尖端渐尖,与普通甜椒相比,叶片稍大且颜色较深;彩色甜椒的花较大,花冠为白色,两性花,属于自花授粉植物,自然杂交率约10%,以自花授粉结果为主,但是如果结果过多,开花数就减少,落果数增加,影响产量,随后由于收获而果数减少,又迎来开花结实的盛期;果实为浆果,食用部分为果肉和果肉外一层薄薄的透明果皮,大部分彩色甜椒品种的果形为方灯笼形或长灯笼形。果实个头大,未成熟果的颜色有白色、绿色、紫色、黄色等,成熟果实的颜色有黄色、橙色、红色等(图2-9);种子呈短肾形,扁平,浅黄色,有光泽,千粒重为10～14 g,种子寿命一般为2～3年,使用期限为1～2年。

辣椒分枝结果习性

2.对环境条件的要求

彩色甜椒为喜温性蔬菜,开花结果初期要求日温为20～25 ℃,夜温18～20 ℃;结果期要求日温为25～28 ℃,夜温15～20 ℃。对空气湿度要求一般为50%～70%,湿度过大不但授粉受精受影响,而且较易发病,但湿度过低会影响开花与果实发育。彩色甜椒对光照要求不严格,较耐弱光,因此适合温室栽培。对土壤适应性极广,但以中性微酸土壤为最佳。

图 2-9　不同品种的彩色甜椒果实

(三)彩色甜椒的品种

虽然甜椒有近 300 年的栽培历史，但彩色甜椒只在近几十年才开始发展，绝大部分品种均由欧美国家育成。目前国内栽培较优良的品种有先正达公司的红罗丹(红色)、红苏珊(红色)、黄欧宝(黄色)、桔西亚(橘黄色)、紫贵人(紫色)、白公主(腊白色)、多米(翠绿色)等，荷兰瑞克斯旺公司的曼迪(红色)、黄太极(黄色)、塔兰多(黄色)，以色列海泽拉公司的麦卡比(红色)、考曼奇(金黄色)，以及北京农业技术推广中心培育的水晶系列彩椒，包括紫晶(深紫色)、紫珍珠(浅紫色)、白玉(白色)、绿水晶(绿色)、黄玛瑙(黄色)、橙水晶(橙色)、红水晶(红色)。

生产计划

彩色甜椒植株生长势强，较耐低温弱光，适合在设施内栽培。在各种农业观光园区的现代化温室中多作长季节栽培，利用保温性能较好的日光温室进行越冬茬栽培，元旦、春节期间作为高档礼品菜供应市场，经济效益较高。具体生产计划安排如表 2-1 所示。

表 2-1 彩色甜椒生产茬次安排

茬　次	播种期	定植期	采收期
塑料大棚春早熟栽培	1 月下旬至 2 月上旬	3 月中下旬	5—8 月
塑料大棚秋延后栽培	5 月中旬至 6 月下旬	7 月上旬	9—10 月
日光温室越冬茬栽培	7 月下旬至 8 月下旬	9 月上旬至 10 月上旬	12 月至翌年 6 月
日光温室早春茬栽培	11 月下旬至 12 月下旬	1 月中旬至 2 月中旬	4—6 月
日光温室秋冬茬栽培	6 月	7 月	11 月至翌年 3 月

彩色甜椒日光温室越冬茬栽培方案

(一)播种育苗

彩色甜椒种子价格昂贵，多采用工厂化育苗。可采用人工播种或全自动播种机播种。出苗后精细管理，保证壮苗率。日历苗龄为 40～50 d。定植前先喷治蚜、除螨的药剂，可酌情加 2%磷酸二氢钾和 1%葡萄糖。

穴盘育苗全自动播种机播种过程

(二)整地定植

彩色甜椒的生长期较长，产量高，因而要施足基肥，每 667 m^2 分层施入腐熟的有机肥 8 000 kg。彩色甜椒植株长势强，应适当稀植，日光温室内可按大行 70 cm，小行 50 cm 做小高畦，畦上开定植沟，沟内按株距 40 cm 摆苗，每 667 m^2 栽苗 2 000～2 300 株。

(三)田间管理

1.水肥管理

定植后的温光及水肥管理可参照普通甜椒。

2.植株调整

彩色甜椒整枝一般采用双干整枝或三干整枝，即保留二杈分枝或在门椒下再留一条健壮侧枝作结果枝。门椒花蕾和基部叶片生出的侧芽应疏除，以主枝结椒为主，每株始终保持有2～3个枝条向上生长。彩色甜椒的果实比较大，而且果实转色需要一定的时间，如果植株上留果过多，势必影响果实的大小，而且果实转色期延长，因此，可通过疏花疏果来控制单株同时结果不超过6个，以确保果大肉厚。在棚温低于20 ℃和高于30 ℃时要用生长调节剂处理保花保果。结果后期株高可达2m以上，为防倒伏多采用尼龙绳吊秧来固定植株，每个主枝用1根绳固定(图2-10)。整个生长期每株可结果20个左右。

图2-10　彩色甜椒三干整枝示意图

图2-11　彩色甜椒商品包装

3.采收

彩色甜椒上市时对果实质量要求较为严格，最佳采摘时间是：黄、红、橙色的品种，在果实完全转色时采收；白色、紫色的品种在果实停止膨大、充分变厚时采收。采收时用剪刀或小刀从果柄与植株连接处剪切，不可用手扭断，以免损伤植株和感染病害。按大小分类包装出售，为防止彩色甜椒果实采后失水而出现果皮褶皱现象，应采取薄膜托盘密封包装，方可在低于室温条件下或超市冷柜中较长时间的保鲜。每个托盘可装2～3种颜色果实，便于食用时搭配(图2-11)。

项目四　酸　浆

信息采集

(一)酸浆的栽培概况和应用价值

酸浆，又称洋姑娘、红姑娘、挂金灯、戈力、灯笼草、洛神珠、泡泡草等，原产于我国，是茄科酸浆属植物，我国南北方均有野生资源分布。成熟时果味甜美清香，富含维生素C，可作水果直接食用，也可以加工成果汁、罐头或酿酒。酸浆果实有清热利尿功效，外敷可消炎；宿存花萼为传统中药材，具有清热解毒、利咽化痰、利尿等作用，用于治疗咽痛、音哑、痰热咳嗽、小便不利等。现代医学认为酸浆有抗乙肝病毒、治疗上呼吸道感染及糖尿病的作用，国外常用酸浆做抗癌的草药。酸浆在我国栽培历史悠久，在公元前300年，《尔雅》中就有酸浆的记载，目前在华北、东北地区种植较多。

(二)酸浆的生物学特性

1.形态特征

植株高 30～100 cm。根系发达，不定根发生能力强。茎分地上茎和根状茎。地上茎直立，节间膨大，表面有纵棱，无毛或有细软毛，二杈分枝。根状茎横走地下。卵形叶互生，通常2叶生于一节上，叶缘波状，有锯齿。花单生于叶腋，花萼钟状，5裂，结果时花萼宽大、宿存、连生呈钟形囊状，包围果实，具10纵肋，膜质。花冠白色或黄色，辐射状，雄蕊5个，插生于花冠近基部，花丝丝状，花药纵裂。雌蕊短于花冠。(图2-12)子房上位，2室，多胚珠。果实为浆果，球形，成熟时黄色或橙红色，直径1.5～2 cm，单果重7～10 g。未熟时绿色，味酸苦。种子肾形。千粒重1.0 g，种子寿命一般为2～3年。

2.对环境条件的要求

酸浆的适应性很强，在5～40 ℃温度范围内均能正常生长。喜光不耐旱，栽培中要求较低的空气湿度，但在花期和结果期要求充足的土壤水分。可在各种土壤中栽培，但最适宜种植在肥沃、湿润、有机质含量高的土壤中。

1.黄果酸浆的花　2.黄果酸浆的果实(钟形囊状花萼)　3.红果酸浆的花　4.红果酸浆的果实

图 2-12　酸浆形态特征

(三)酸浆的类型和品种

1.黄果酸浆

俗称"洋姑娘",原产于中南美洲后由法国引种培育而成。黄果酸浆果大(图 2-13 中 1),食用价值较高,风味酸甜,产量也较高,近年多作为水果大面积栽培。

2.红果酸浆

俗称"红姑娘"。原产亚洲,其果形小(图 2-13 中 2),口感略次于黄果酸浆,产量也不如黄果酸浆。但其抗寒能力较强,冬季宿根在地下越冬,第 2 年春季仍可萌发。此类型多作观赏栽培。

1

2

1.黄果酸浆　2.红果酸浆

图 2-13　酸浆的两种类型

生产计划

过去北方地区栽培酸浆多为露地栽培,通常于 3 月中旬在塑料拱棚中播种育苗,5 月定植,6 月下旬至 7 月开始采收。近几年,利用日光温室在早春季节栽培酸浆作为鲜果销售,市场前景好,栽培面积不断增加。温室春早熟栽培可于 12 月下旬至翌年 1 月初在温室内播种育苗,3 月初定植,4 月下旬即可陆续采收上市,可获得较高的经济效益。

日光温室酸浆春早熟栽培方案

(一)播种育苗

育苗可参照小型番茄。

(二)整地定植

定植前 10 天整地做畦,每 667 m^2 施入腐熟有机肥 5 000 kg,氮磷钾三元复合肥 20 kg,施后深翻地,做成畦宽 60～70 cm,沟宽 30～40 cm,高 15～20 cm 的高畦并覆盖地膜。每畦定植 2 行,行距为 60 cm,按株距 35 cm 打孔,定植孔内浇少量水,水渗下后栽苗。

(三)田间管理

1.温湿度的管理

定植后应密闭温室,保持棚内较高的温湿度以促进缓苗。缓苗后白天温度保持 23～26 ℃,夜间 13～18 ℃,超过 28 ℃开始放风。结果期白天保持 23～28 ℃,夜间 15～20 ℃,超过 30 ℃时放风。每次浇水后都要放风排湿。

2.水肥管理

缓苗后如土壤缺水可浇少量缓苗水,此后不再浇水。直到第 1 果坐住后,结合浇水每 667 m^2 追施尿素 10 kg。第 1 果充分膨大后进行第 2 次追肥,为提高果实品质,可在株间打孔埋施饼肥,每 667 m^2 用量 50 kg。第 2 果收获后,进行第 3 次追肥,每 667 m^2 追施尿素15 kg,并进行叶面追肥。结果期应保持土壤湿润,每 5～7 d 浇 1 次水。

3.植株调整

酸浆生长旺盛,分枝较多。为了避免枝叶过多影响通风透光,应及时进行整枝打杈。整枝分为双干式、三干式、多干式等。双干式每株留 2 个主干向上延伸,三干式每株保留 3 个主干,多干式每株保留 4～5 个主干向上延伸,其余侧枝及早摘除。保留主干越少,越有利于早熟,但总产量不高。多干式整枝,总产量较高,但成熟较晚。

图 2-14　日光温室酸浆吊秧栽培

酸浆温室栽培,需吊秧栽培,每个侧枝吊 1 根绳,使其保持直立生长(图 2-14)。当侧枝生长点长至架顶时摘心,使养分集中供给果实。摘心后及时打杈,防止侧枝丛生。在保证一定量果实的基础上,疏去过多、过密的花和幼果,使养分集中供给较大的果实。疏果要早要轻,留果位置在植株上分布应均匀。开花早期温度低,可使用防落素 20 mg/L 液蘸花,防止落花落果。

4.采收

成熟果外宿花萼枯黄,果实淡黄色,香味浓郁。酸浆果实小,采收用工量较大。就地销售的果实,可在果实成熟自然脱落后,人工捡拾收获,其质量最佳。供贮藏或远销运输的果实,可在外宿花萼变黄时采摘。

拓展阅读

观赏辣椒 又称看椒，茄科辣椒属一年生辣椒的变种。观赏辣椒果形小巧奇特，有圆球形、朝天指形、吊钟形、桃形等，单果重 2～10 g(图 2-15 中 1—6)。幼果因成熟度不同呈现出白、黄、橙、红、紫等多种颜色(图 2-15 中 7—8)，成熟果实多为红色。多作盆栽。

观赏茄 是指形状奇特或颜色鲜艳，具有观赏价值的一类茄子品种(图 2-15 中 9—14)，均属于茄科茄属植物，是普通茄子的变种，可用于盆栽或在温室中作多年生栽培。

1

2

3

4

5

6

7

8

9

10

11

12

13

14

1,2.朝天指椒　3,4.樱桃椒　5,6.桃形椒　7,8.彩色辣椒　9.五指茄
10.扁圆红茄　11.白蛋茄　12.观赏红茄　13.白长茄　14.紫花茄

图 2-15　观赏辣椒和观赏茄

单元小结

茄果类特菜根系再生能力较强，适合育苗移栽，分苗期一般在2片真叶时进行。茄果类蔬菜营养生长和生殖生长同时进行，栽培上要及时进行植株调整，平衡秧果关系，以获高产。茄果类蔬菜生育期长，需肥量大，在施足基肥的基础上，在结果期要根据植株生长情况多次进行追肥，并加强水肥管理。茄果类蔬菜喜温暖的环境条件和充足光照，在低温、弱光条件下易落花落果，应采取相应保花保果措施确保产量。

单元自测题 〉〉〉

1.小型番茄有哪几种类型？
2.小型番茄常用整枝方式有哪几种？
3.南美香艳茄怎样繁殖？
4.南美香艳茄的整枝方式有哪些？
5.彩色甜椒和普通甜椒相比有何差异？
6.彩色甜椒如何进行整枝留果？
7.彩色甜椒如何进行采收保鲜？
8.日光温室酸浆栽培怎样进行植株调整？

单元三

豆类特菜

- 单元三 豆类特菜
  - 项目一 荷兰豆
    - 信息采集
    - 生产计划
    - 荷兰豆塑料大棚春早熟栽培方案
  - 项目二 刀豆
    - 信息采集
    - 生产计划
    - 刀豆露地栽培方案
  - 项目三 四棱豆
    - 信息采集
    - 生产计划
    - 四棱豆塑料大棚秋延后栽培方案

知识点 豆类特菜的种类及应用价值；豆类特菜的生物学特性和品种类型；豆类特菜高效栽培技术。

技能点 荷兰豆播种育苗；刀豆种子处理；刀豆搭架整枝；四棱豆播种；豆类特菜适期采收。

职业素养 自主学习，触类旁通；躬身实践，知行合一；创新思维，合作意识。

豆类特菜均为豆科，是以荚果为产品器官的蔬菜，包括我国南方种植较多的刀豆以及引自国外的荷兰豆、四棱豆等。其中，刀豆和四棱豆为耐热性蔬菜，生长期间要求较高的温度条件，在北方地区栽培最好露地结合设施栽培，以延长生育期，提高产量。荷兰豆则属于半耐寒性蔬菜，喜冷凉气候条件，适宜春秋两季栽培。四棱豆为短日性植物。

项目一 荷兰豆

信息采集

（一）荷兰豆的栽培概况及应用价值

荷兰豆是食荚豌豆的总称，为豆科豌豆属一年生攀缘草本植物。原产于欧洲南部及地中海沿岸地区。荷兰豆的食用部分为嫩荚，营养价值较高，每 100 g 嫩荚中含碳水化合物 14.4～29.8 g，蛋白质 4.4～10.3 g，脂肪 0.1～0.6 g、胡萝卜素 0.15～0.33 mg，还含有多种氨基酸，可炒食、拌菜、做汤等，质地清脆鲜嫩，口感好，且色泽青翠，诱人食欲。

(二)荷兰豆的生物学特性

1.形态特征

荷兰豆根系发达，蔓性，茎近方形而中空。矮生种节间短，直立，分枝 2～3 个。蔓生种节间长，半直立或缠绕，分枝性强。子叶不出土，真叶为偶数羽状复叶，具 1～3 对小叶，卵形。复叶顶端小叶退化成卷须，基部有 1 对耳状托叶(图 3-1)。始花节位，矮生种 3～5 节，蔓生种10～12 节，高蔓种 17～21 节，始花后一般每节都有花。总状花序腋生，着花 1～2 朵，偶有 3 朵；花白色或紫色，自花授粉(图 3-1)。在干燥和炎热条件下能杂交，杂交率 10%左右。荚果深绿色或黄绿色。每荚含种子 2～4 粒，多达 7～8 粒。种子圆形，表面光滑或皱缩，绿或黄白色，千粒重 200～400 g。种子寿命 2～3 年。

1.叶片　2,3.蝶形花

图 3-1　荷兰豆形态特征

2.对环境条件的要求

(1)温度　半耐寒性蔬菜，喜温和凉爽湿润气候，不耐炎热干燥，耐寒能力较强，圆粒种比皱粒种更耐寒。种子发芽出土最低温度为 1 ℃，适宜温度为 16～18 ℃，高于 25 ℃发芽出苗率降低。幼苗期适应低温能力很强，能耐—6 ℃的低温，茎叶生长适宜温度为 12～16 ℃。开花结荚期适宜温度 15～18 ℃，嫩荚成熟期适宜温度 18～20 ℃，适温下嫩荚质量鲜嫩、甜美。温度超过 26 ℃时品质降低，产量减少。

(2)光照　长日性作物，但大多数品种对日照长短要求不十分严格，但在长日照、低温条件下，能促进花芽分化，缩短生育期。南方品种北引种植，都能提早开花。如果生长期间多阴天或田间通风透光不好，植株生长不良，嫩荚产量下降。

(3)水分 要求中等湿度，适宜的土壤湿度为田间最大持水量的70%左右，适宜的空气相对湿度为60%左右。当土壤水分不足时，会延迟出苗期，开花期如果空气干燥，会引起落花落荚。在豆荚生长期若遇高温干旱，会使豆荚纤维提早硬化，过早成熟而降低品质和产量。不耐涝，如果土壤水分过大，则播种后易烂种，苗期易烂根，生长期间易发病。

(4)土壤营养 对土壤适应性较广，但以疏松透气、有机质含量较高的中性土壤为宜。其根系共生的根瘤菌能固定土壤中及空气中的氮素，但在苗期仍需要一定的氮肥，在栽培中要注意施用磷肥和钾肥。

(三)荷兰豆的类型和品种

根据植株分枝习性，可分为矮生型和蔓生型两种，以蔓生种栽培较广。设施早熟栽培常用品种有大荚荷兰豆、食荚大菜豌、台中11号、内软1号等。

生产计划

(一)露地栽培

荷兰豆耐寒不耐热，北方地区多春播夏收，在当地土壤解冻后，顶凌播种。早播使荷兰豆出苗后仍处于较低温度下，主茎生长缓慢，基部节间也变得短而紧凑，有利于形成良好的株形和群体结构，春化作用也充分，有利于花蕾的分化和发育。

(二)塑料大棚春早熟栽培

利用塑料大棚等设施进行豌豆的早熟栽培，2—3月育苗或直播，4月下旬至5月采收。此期设施内环境条件适宜豌豆生长发育，经济效益较高(图3-2)。

图3-2 塑料大棚栽培的荷兰豆

荷兰豆塑料大棚春早熟栽培方案

(一)播种育苗

荷兰豆需采用穴盘或营养钵护根育苗。播前浇透底水，每孔(钵)播干种子2～4粒，覆土2 cm。荷兰豆为半耐寒性蔬菜，育苗期温度不可过高。播后苗前，温度需保持在10～18 ℃。出苗后真叶展开前温度降至8～10 ℃，真叶出现后日温20～23 ℃，夜温13～16 ℃，保持床土见干见湿，不干不浇水。定植前5～6 d，停水降温炼苗，日温12～15 ℃，夜温2 ℃左右，温度过高时应注意遮阳降温。日历苗龄达20～25 d，幼苗具4～6片真叶时即可定植。

(二)整地定植

土壤深翻 25 cm，每 667 m^2 施腐熟有机肥 5 000 kg，过磷酸钙 25 kg。单垄栽培，垄宽 50 cm；高畦双行栽培，畦宽 1 m，也可与叶菜隔垄隔畦间种。当棚内最低气温达到 4 ℃左右时定植。按株距 20 cm 开穴栽苗，稳苗后浇底水，水渗后封埯。最好覆盖地膜，以促早熟。

(三)田间管理

1.中耕松土

如果没覆盖地膜，应尽早中耕除草数次，以提高地温。现蕾后停止中耕，以免伤根，并可促进茎叶生长。

2.温度管理

开花前，温室、大棚内日温保持在 20 ℃左右，不能超过 25 ℃，夜温保持 12～15 ℃，不能低于 10 ℃。结荚期日温保持在 15～22 ℃，夜温 12～15 ℃。

3.水肥管理

现蕾前一般不浇水，结荚盛期每 10～15 d 追肥、灌水 1 次，每 667 m^2 用三元复合肥 15～20 kg。荚坐住后根外施磷酸二氢钾和锰、硼、钼等微量元素肥料，有显著的增产效果。

4.植株调整

卷须出现后及时插单排架或吊蔓。当植株长到一定高度后，摘心以促进侧蔓发生，增加开花数和结荚率。

5.采收

荷兰豆的荚果大都自下而上逐渐充实，常常是基部豆荚已开始采收，而上部正在开花，或刚结荚，延续采收时间达 30 多天，因此要分期分批采收。采收标准，开花后 12～14 d，嫩荚伸长停止，而种子刚开始发育，荚色为绿色时进行采收(图 3-3)。不可采收过早或过迟，采收过早，品质虽佳，但产量低，采收过晚，产量虽多一些，但豆荚老化，纤维增加，品质下降，商品性差。

图 3-3　荷兰豆采收适期

项目二 刀　豆

信息采集

小创意——魔豆

(一)刀豆的栽培概况及应用价值

刀豆，又称大刀豆、关刀豆，豆科刀豆属一年生缠绕性草本植物。原产于印度，我国南方普遍栽培，北方仅有零星种植。刀豆多以嫩荚供食，质地脆嫩，肉厚味鲜，可炒食或煮食，亦可腌制酱菜或作泡菜。种子可煮食或作菜肴。刀豆的种子、根和荚壳均可入药。

(二)刀豆的生物学特性

1.形态特征

刀豆根系发达，生长势强。茎粗，蔓生或直立，无卷须。叶互生，三出复叶，叶柄长(图 3-4)。7～8 片真叶后，叶腋间抽生花序，每花序有花 4～5 朵，为淡紫色或白色的大蝶形花(图 3-4)。荚绿色，扁平宽大，弯曲如刀，长 15～30 cm，宽 4.5 cm 左右，单荚重约 150 g。每荚有肾形种子 8～10 粒，红色或白色，千粒重 1 500 g 左右(图 3-4)。

1.叶片　2.花序　3.蔓生刀豆的种子

图 3-4　刀豆的形态特征

2.对环境条件的要求

刀豆喜温耐热，生长适宜温度为 20～25 ℃。刀豆适于生长在排水良好、肥沃疏松的土壤，但以沙壤土或黏壤土最为适宜。在黏壤土上栽培的果荚柔嫩，品质好。刀豆对光照要求严格，光照充足时结荚多，落花落荚少。

(三)类型和品种

1.蔓生刀豆

蔓生刀豆即大刀豆，关刀豆。茎蔓生，粗壮，长 2～4 m。生长期长，为晚熟种。花淡紫红色，荚果绿色，长 30 cm、宽 4 cm，每荚重约 150 g。种子大，粉红色，千粒重约 1 320 g。

2.矮生刀豆

矮生刀豆即洋刀豆，立刀豆。植株高 67～100 cm，花白色，果荚较短，种子白色，小而厚。

生产计划

刀豆生长期长，在全生长期喜温暖气候。北方为一季栽培。一般在 4—5 月可露地直播。如早春采取育苗移栽则产量更高。

刀豆露地栽培方案

(一)播种育苗

刀豆可以直播，也可以育苗移栽。露地直播在终霜后进行。播种前深翻土地，施充分腐熟的有机肥，起大垄或做畦，垄距 75 cm，畦宽 1.5 m，每畦栽双行。刀豆种子粒大，种皮厚，发芽出土困难，播后如遇低温和湿度过大，容易烂种。播种前可先将种子晒 1 天，然后用温水浸种 2～4 h，待其吸水膨胀后播种。可按照株距 40 cm 进行点播，每穴点播 1～2 粒。一般播种深度以 5 cm 为宜，过深易造成种子腐烂。

采用育苗移栽的，先将催芽的种子直播在穴盘或营养块内，待 2 片基生叶长出时，即可定植到大田。

(二)田间管理

1.植株调整

蔓伸出 30 cm 左右时插单花篱架或双花篱架，架高应 2 m 以上，架的顶端要纵横相连。也可架设攀爬网，让蔓在网上自然缠绕。第一花序下部的侧枝全部摘除。在开花结荚期应适当摘除侧蔓，或进行摘心、疏叶，有利于提高结荚率。

2.水肥管理

开花前不宜多浇水，要控制水分。中耕 2～3 次，除草，提高地温并保墒。刀豆是豆类中需氮肥较多的蔬菜，氮素不足，分枝小，影响产量和品质。因此宜在 4 叶期时，追施 1 次速效氮肥，促进植株生长。坐荚后，逐渐进入旺盛生长期，待幼荚 3～4 cm 时，开始浇水追肥，每 667 m^2 追施磷酸二铵 10 kg，硫酸钾 5 kg。以后随着荚果的采收，每 20 d 左右追 1 次肥。

3.采收

采收嫩荚的一般在开花后 20 d 左右，嫩荚长 11～20 cm，豆粒还未膨大时，荚皮尚未纤维化变硬前采收(图 3-5)。采收成熟种子的，应在豆荚充分老熟、荚色枯黄时采收。

蔬菜搭架——单花篱架

图 3-5 刀豆结荚期

刀豆食谱

姜丝刀豆 刀豆去筋，洗净，切斜片，姜切丝，辣椒切斜片，锅内放少许油，下姜丝、辣椒片爆香，放入刀豆，炒至变色，放入少量高汤，爆炒至刀豆变软熟装盘。

凉拌刀豆 刀豆切成薄片，红椒去把、大蒜切碎，成小颗粒状。把切好的刀豆、红椒放入开水中氽一下，捞出，调味即可。

刀豆烧土豆 油锅热八成，爆香蒜泥，下土豆条炒至半透明后下刀豆略炒，加小半碗水，上盖，大火煮 5 min，加入调料翻炒 2 min 起锅。

香菇炒刀豆 刀豆去筋洗净，用刀斜切成 3 cm 长的段，用开水焯一下，锅放油烧至五成热，下姜末爆香，倒入刀豆、香菇，调味焖熟，勾芡，即可出锅装盘。

刀豆腰花 刀豆横切成片，用温油煸炒透后，加少量水煮沸，调味，下腰片炒匀，勾薄芡起锅即成。

项目三 四棱豆

信息采集

(一)四棱豆的栽培概况及应用价值

四棱豆，别称翼豆、杨桃豆、热带大豆等，为豆科四棱豆属一年生或多年生草本植物。四棱豆原产于热带地区，主要分布于东南亚及西非，在我国南方已有 100 多年栽培历史，广东、台湾、广西、云南和四川等省区均有种植。

四棱豆的嫩豆荚、块根、种子、嫩梢等均可供食用。嫩荚可炒食、盐渍和制酱菜，有特殊风味。块根可炒食和制淀粉。干豆粒可榨油或烘烤食用，作成嫩豆芽炒食也别具风味。在医学上可作为提炼天然氨基酸的原料。四棱豆营养极其丰富，据测定，每 100 g 嫩荚含维生素 C 20 mg、纤维素 1.3 g 和丰富的矿物质，17 种氨基酸含量均高于菜豆。每 100 g 块根含碳水化合物 27～31 g，粗蛋白 11～15 g（为马铃薯的 4 倍），是目前世界上含蛋白质最高的块根作物，成为高蛋白粮食的新资源。每 100 g 干豆粒含蛋白质高达 26～45 g，脂肪 13～20 g，碳水化合物 31.2～36.5 g，维生素 C 100 mg，还含有各种氨基酸，其营养价值可与大豆媲美。故四棱豆的综合利用日益受到世界各国的重视。

（二）四棱豆的生物学特性

1.形态特征

四棱豆根系不发达，易形成块根。小块根纤维多，无食用价值，大块根可做粮食食用。根群分布直径 40～50 cm，深 70 cm 左右，主要分布在 10～20 cm 的耕层内。根上有较多根瘤，固氮能力强。茎属于无限生长型，具有极强的攀缘性，主蔓长可达 4 m 以上。分枝性强，枝叶繁茂，茎秆无毛，绿色或紫色。叶为三出复叶，互生，叶呈阔卵圆形，顶端尖、全缘。花为腋生总状花序，花朵数不定，少则 2 朵，多则 10 余朵。花为蝶形花，旗瓣外面白色，里面紫蓝色。豆荚长 20 cm 左右，有 4 个棱角，棱角上有锯齿状翼，背线两侧的略高，好像 1 对翅膀，故名“翼豆”。种子圆形，种皮棕色或黑色，千粒重 250～350 g（图 3-6）。

1　　　2

3　　　4

1.叶片　2.花　3.果实　4.种子

图 3-6　四棱豆形态特征

2.对环境条件的要求

四棱豆原产于热带，因此喜温暖多湿的气候条件，不耐霜冻，生育适温为20～25 ℃。种子发育适温25 ℃左右，播种后10 d左右即可出苗。15 ℃以下和35 ℃以上发芽不良。四棱豆属短日性植物，对日照长短反应敏感，在长日照条件下，易引起茎叶徒长而不能开花结荚。四棱豆对土壤要求不严格，耐贫瘠，怕旱怕涝，但以深厚肥沃的沙壤土种植易获得嫩荚的优质高产。

(三)四棱豆的类型和品种

1.印尼品系

植株多年生，小叶卵圆形、三角形或披针形等。茎、叶绿色，花紫、白和淡蓝色。较晚熟，也有早熟类型，在低纬度地区全年播种均能开花。有的品种对12～12.5 h的长日照十分敏感，营养生长达4～6个月；豆荚长18～20 cm，我国栽培种多属此类。

2.巴布亚新几内亚品系

一年生，早熟，播种至开花需57～79 d，小叶以卵圆形和正三角形为多，茎蔓生，紫花，茎、叶和荚均具有花青素，荚长6～26 cm，表面粗糙，种子和块根产量较低。

生产计划

四棱豆在南方为多年生植物，在北方栽培多作一年生栽培。由于四棱豆是典型的短日性植物，北方露地栽培多在8月以后开花结荚，最好能结合保护地设施进行恋秋栽培，以延长生长期。塑料大棚秋延后栽培可利用春季生产结束后的大棚，5月下旬至6月初播种，9月覆盖塑料薄膜，可延后生产至11月上旬。

四棱豆塑料大棚秋延后栽培方案

(一)整地做畦

塑料大棚留顶部塑料薄膜遮雨。播种前要深翻土，精细整地，开沟做畦，畦宽1 m，畦面宽60～65 cm，畦沟宽33 cm，沟深15 cm；由于四棱豆固氮能力强，基肥应以有机肥、磷钾肥为主。一般每667 m^2 施充分腐熟的猪牛粪1 000～2 000 kg，过磷酸钙25～30 kg，施肥后翻耕入土。若基肥少，可集中穴施，施后盖土，使种子或种苗不直接与肥料接触。

(二)适时播种

四棱豆种子和块根都可繁殖。以块根繁殖的在春分前后萌芽，萌芽后加强肥水管理，可比种子繁殖提前开花结荚；以种子繁殖的，播种前进行种子处理，首先要晒种子1～2 d，然后用30～35 ℃的温水浸泡8 h，种子吸足水分后，晾干种皮，加0.1%高锰酸钾和0.2%辛硫磷拌种直播。也可在28～30 ℃下催芽，待出芽率达90%时播种。

合理密植是夺取四棱豆高产的重要一环。种植过稀，总荚数少，产量不高；种植过密植株相互遮阳，落花落荚严重。一般每667 m^2 保苗1 500～2 000株为宜，育苗种植时每畦栽两行，株距60～65 cm；直播种植时待苗长出6～8叶，间苗定植，每穴留1株。

(三)田间管理

1.中耕追肥

四棱豆定植后，要立即中耕追肥，这次追肥由于根瘤尚未形成，肥料要以速效氮肥为主，每667 m^2 施尿素 5 kg，促使幼苗生长。抽蔓期如土壤板结，应中耕松土，使土壤疏松透气，促使根系生长，加速根瘤形成。现蕾开花期要增施磷钾肥，每 667 m^2 施过磷酸钙 50 kg，硫酸钾 10～15 kg。生长期应保持土壤湿润，防止因土壤干燥而落花落荚。

2.植株调整

四棱豆进入抽蔓期，应及时吊绳，然后将四棱豆蔓牵引缠绕于吊绳上。开花结荚的同时茎叶继续生长，块根继续膨大，争夺养分激烈，应适当摘除侧蔓或摘心疏叶，以提高结荚率。

3.覆膜保温

进入 9 月后，随着外界温度的下降，大棚要及时扣好棚膜，根据外温变化及时调整放风口，要求白天温度不高于 35 ℃，夜间温度不低于 10 ℃。进入 10 月下旬，尽量减少通风，保持棚内温度。

4.采收留种

采收嫩豆荚要及时，花后 15～20 d 为嫩荚的适宜采收期。采收标准为荚果基本定型，手捏时较软，荚果由黄绿色变为翠绿色(图 3-7)。采收过迟，纤维增加，品质变劣，则不能食用。

图 3-7　四棱豆结果状

开花至荚果成熟需 40～50 d，豆荚变褐色，并基本干枯时，可采收作种。经挑选后，留待翌年播种用。在稀植的情况下，单株的嫩豆荚可产 25 kg 以上；成片种植时，每 667 m^2 干豆粒产量可达150 kg。

四棱豆食谱

干煸四棱豆　四棱豆洗净切成段，用油炸至变色捞出，用热油爆香姜、蒜及豆瓣酱，然后加入肉末同炒，加入炸过的四棱豆，加调味料煮至汁略收干，滴入香油拌匀即可。

清炒四棱豆　四棱豆摘去两头，洗净切段。油锅烧热，用葱姜末爆香，投入四棱豆，放入调味煸炒至熟即可。

凉拌四棱豆　四棱豆去筋洗净，用刀斜切成 3 cm 长的段，用开水焯熟，放入冷水中投凉，加入盐、糖、辣椒油、味精等调料拌匀即可食用。

四棱豆虾球　四棱豆摘去两头，洗净切段。油锅烧热，用葱姜末爆香，投入四棱豆，煸炒至熟，调味，加入虾球，炒至变色装盘。

拓展阅读

我的扁豆为啥才结荚?

扁豆 又称眉豆、气豆，为豆科扁豆属一年生缠绕草本植物。原产于亚洲和非洲热带地区，我国南北朝时就开始种植，南北各地都有零星栽培，以嫩荚和豆粒供食。扁豆根据花的颜色可分为红花扁豆和白花扁豆两种类型(图 3-8)。其中白花扁豆的花和种子皆可入药。

需要注意的是，扁豆含皂苷和血球凝集素可引起食物中毒，烹饪时一定做的十分熟方可食用。

图 3-8　白花扁豆和红花扁豆

多花菜豆 又称红花菜豆、荷包豆、龙爪豆，豆科豆属多年生草本植物。原产于美洲，在我国北方多作一年生栽培。其嫩荚多汁，具有香味，可炒、焖。青嫩豆粒及干豆用清水浸泡后可与肉类炒、炖，其味鲜美。多花菜豆还具有较强的观赏价值，其植株攀缘性强，叶色浓绿，花多红色鲜艳，开放时如彩蝶飞舞(图 3-9)，适合作花架或篱笆墙的攀缘观赏植物栽培。

图 3-9　多花菜豆开花期

单元小结

豆类特菜中的荷兰豆属于半耐寒性蔬菜，喜冷凉气候条件。刀豆、四棱豆则喜温耐热。四棱豆是典型的短日性蔬菜，北方露地栽培宜结合设施进行秋延后栽培，否则生育期不够，很难获得高产。豆类特菜一般采取种子直播方式，需要进行护根育苗。蔓生型的豆类需要整枝搭架，适当摘除侧蔓或摘心疏叶，以提高结荚率。开花结荚期要合理浇水、施肥，防止植株徒长和落花落荚。豆类特菜中以嫩荚为产品器官的，要及时采收，防止荚果老化影响品质。采收干豆粒的，则需分批采收，晒干后统一脱粒。

单元自测题 〉〉〉

1.荷兰豆为什么要顶凌播种？
2.刀豆对环境条件有何要求？
3.刀豆有哪两种类型，各有何特点？
4.四棱豆有什么营养价值？
5.四棱豆对环境条件有何要求？
6.简述四棱豆播种技术要点。
7.简述四棱豆植株调整技术要点。
8.北方地区引种四棱豆应注意哪些问题？

单元四

白菜类特菜

知识点 白菜类特菜的种类和应用价值；白菜类特菜的生物学特性和品种类型；白菜类特菜高效栽培技术。

技能点 菜心、抱子甘蓝育苗；菜心适期采收；京水菜采收方法；抱子甘蓝培土和摘叶；宝塔菜花采收。

职业素养 自主学习，触类旁通；躬身实践，知行合一；创新思维，合作意识。

白菜类特菜主要指十字花科芸薹属中栽培较少的叶菜类，包括我国南方传统栽培的“南菜”，如菜心、乌塌菜、芥蓝，也包括原产于国外，我国引进栽培的“洋菜”，如抱子甘蓝、羽衣甘蓝、宝塔花菜、白茎千筋京水菜等。此类蔬菜的共同特点是性喜冷凉气候条件，在高温条件下生长不良，对光照要求不严格，喜中等光照。生长过程中要求充足的水分和氮肥供应。

项目一 菜 心

信息采集

(一)菜心栽培概况及应用价值

菜心，又称菜薹，属十字花科芸薹属芸薹种白菜亚种中以花薹为产品的变种，1～2 年生草本植物。起源于我国南部，是由白菜种中易抽薹材料经长期选择和栽培驯化而来，并形成了不同的类型和品种。主要分布在我国南方，是华南地区尤其是广东省的主要蔬菜之一。菜心以花薹为主食部分。品质柔嫩，风味独特。每 100 g 鲜菜中含水分 94～95 g，碳水化合物 0.72～1.08 g，全氮化合物 0.21～0.33 g，维生素 C 34～39 mg。

(二)菜心的生物学特性

1.形态特征

菜心主根不发达,须根多,根群分布在 3～10 cm表土层,根再生能力强。茎短缩、绿色。叶片宽卵圆形或椭圆形,叶色深绿色、绿色或黄绿色。叶缘波状,基部裂片,有的叶翼延伸,叶脉明显。叶柄狭长,绿色或浅绿色。花薹具节、绿色。薹叶卵形或披针形,有短柄或无柄,嫩薹为供食部分(图 4-1)。花黄色,总状花序。开花授粉后,子房伸长成为长角果,每荚果含种子10～20 粒。种子细小,圆形,褐色或黑褐色。千粒重 1.3～1.7 g。

图 4-1 菜心植株

2.生育周期

不同品种的生育期长短不同,早中熟品种生育期为 40～45 d;晚熟品种叶片生长期和菜薹形成期较长,生育期为 50～70 d。整个生育期可分为以下几个阶段。

(1)发芽期 自种子萌动至子叶展开为发芽期,一般 5～7 d。如种子萌发后遇 3～15 ℃低温就能很快通过春化阶段,提早抽薹。所以冬春播种应注意防寒保温,避免早抽薹。

(2)幼苗期 自子叶展开至第 5 片真叶展开,需 14～18 d。

(3)叶片生长期 自第 5 片真叶展开至植株现蕾为叶片生长期,此时期主要是叶片数和叶面积的增长,同时在 2～3 片真叶时开始进行花芽分化、生长和现蕾,叶数形成因品种和栽培季节而异,一般此期形成 8～12 片叶,需 20～30 d。

(4)菜薹形成期 从现蕾到主薹采收为菜薹形成期,初期以叶片生长为主,叶数增加、叶面积扩大,叶重增加,逐渐变为菜薹生长为主,菜薹重量不断增加。一般需要 14～18 d。

(5)开花结实期 自植株开花到种子成熟,一般需 50～60 d。

3.对环境条件要求

(1)温度 种子发芽的适宜温度为 25～30 ℃。叶片生长期适宜温度为 20～25 ℃。菜薹形成期适宜温度为 15～20 ℃,高于 25 ℃虽生长快但质粗味淡。开花结实期适宜温度为 15～24 ℃。菜心对温度要求不是十分严格,在月均温 11～28 ℃的条件都可顺利发育,但是适宜温度是 15～25 ℃。

(2)光照 整个生长发育过程都需要较充足的阳光,特别是菜薹形成期,光照不足,影响光合作用,菜薹生长细弱,产量降低,品质差。日照的长短对菜心抽薹开花影响不大。

(3)水分 喜湿不耐旱,生长期间必须保证水分供应,经常保持田间湿润。

(4)土壤营养 菜心对土壤的适应性较广,但是以保水保肥能力强、有机质多的壤土或沙壤土最为适宜。由于菜心根系分布浅,吸收能力较弱。生长期短,生长量大,对肥水要求比较高,除施足基肥外,生长全过程要进行多次追肥。

(三)菜心的类型和品种

根据菜薹的颜色可分为紫菜薹和绿菜薹。

1.紫菜薹

株高 50 cm 左右。叶片绿色或紫色,叶椭圆形或阔卵圆形,叶缘波状,花薹深紫红色,腋芽萌发力强,每株可采收侧薹 7～8 条及以上,单株重 0.7～1.0 kg,耐寒不耐热。

2.绿菜薹

植株直立、叶片较小,叶形有长椭圆、卵形及宽卵形,叶色黄绿或青绿,菜薹绿色、细嫩,腋芽萌发力较弱,以广州菜心最著名。菜心的品种较多,有适于夏秋季栽培的耐热品种,有适于低温下生长的耐寒品种,也有适应性范围广的品种,可周年栽培。一般根据菜心对温度反应和栽培季节分早熟种、中熟种、晚熟种。

(1)早熟品种 该类型品种对低温反应敏感,温度稍低就可抽薹,抗热性强。植株小,生长期短,抽薹早,菜薹较细小,腋芽萌发力弱,以采收主薹为主,产量较低。如四九菜心、十月红菜薹等。

(2)中熟品种 该类型品种,植株中等,生长期略长,生长较快,腋芽有一定的萌发力,主侧薹兼收。以采收主薹为主的菜薹质量好。播种期 9—10 月,到收获约 40～50 d,主要品种(绿菜薹)有黄叶中心、大花球中心、青梗中心、青梗柳叶中心、60 日菜心、特青。紫菜薹品种有武昌胭脂红、成都二早子、南京小叶子。

(3)晚熟品种 植株较大,生长期长,抽薹晚。腋芽萌发力强,主侧薹兼收,采收期较长,菜薹产量较高,耐寒不耐热。播种期 11 月至翌年 3 月,播后 45～55 d 收获。主要品种有青圆叶迟心、青梗大花球、青柳叶迟心、三月青菜心、迟菜心 2 号。紫菜薹有武昌迟不醒、成都阴花红。

生产计划

菜心性喜冷凉,且生长期较短。在不同的地区,利用的品种不同,栽培时间也不相同。

长江流域及以南地区,利用早熟品种从 4—8 月均可播种。播种后 30～45 d 开始采收,5—10 月为供应上市期。中熟品种从 9—10 月播种,播种后 40～50 d 收获,采收供应期为 10 月至翌年 1 月。利用晚熟品种从 11 月至翌年 3 月播种,播种后 45～55 d 开始收获,采收供应期为 12 月至翌年 4 月。江南地区菜心基本上实现了四季播种、周年供应的目标。

北方地区露地栽培分春、秋两季。春季栽培利用早、中、晚熟品种均可,3—4 月播种,4 月下旬至 6 月初采收。秋季露地栽培利用中、早熟品种,8—9 月播种,9—11 月采收。保护地栽培时,利用晚熟品种,于 10 月至翌年 2 月播种,播种后 2 个月即可开始采收。在北方地区菜心也基本实现了周年供应。

菜心塑料大棚春早熟栽培方案

(一)播种育苗

菜心可以直播,也可育苗移栽,以育苗移栽为宜。可直接播种于 128 孔穴盘内,也可先播于 288 孔穴盘或平盘内,幼苗 2 片真叶展开时再分苗。选择晴暖天气,不要在寒潮来时或阴天播种，防止苗提早通过春化阶段造成提前抽薹。播种后苗床温度保持在 22～25 ℃，出苗后日温 20～22 ℃，夜温 10～12 ℃。早熟品种日历苗龄 18～25 d，晚熟品种也不超过 30 d，幼苗具 3～4 片叶即可定植。

(二)整地定植

定植前每 667 m^2 施腐熟的鸡粪或猪粪及堆肥、草木灰 1 500～2 000 kg 作基肥，同时施入过磷酸钙 25 kg，耙平后做成 1.2 m 宽的平畦。菜心幼苗定植时要浇足定植水。

确定菜心种植密度的依据是品种和栽培季节。一般定植的株行距，早中熟品种为 13～16 cm，晚熟品种为 18～22 cm。

(三)田间管理

1.水肥管理

缓苗后再浇 1 次水。同时追施少量速效性氮肥，以促进幼苗生长。苗期根系少，叶片小，肥水需要量较少。一般掌握小水勤浇，薄肥勤施的原则，一般 3～4 d 给 1 次肥水。

进入叶片生长的旺盛时期，要供给充足的氮肥。植株现蕾后要追施 1～2 次鸡粪或硫酸铵等氮肥，配合施用硫酸钾等，保证水分供应，促进叶片生长和菜薹的发育。

当进入菜薹形成期，植株生长健壮旺盛，菜薹发育正常，可以不再施肥。若是现蕾缓慢，或者菜薹细弱，应及时追肥灌水，促进菜薹生长；如果植株生长旺盛、叶片肥大，现蕾后迟迟不抽薹，表明营养生长过旺，这时应控肥控水，促进菜薹的抽出，等抽出后再给肥水。准备主薹收获后再采收侧薹，可以追施 1 次重肥，每 667 m^2 施用尿素或硫酸铵 10 kg，以加强侧薹生长阶段的后劲，促进侧薹生长发育。

图 4-2　紫菜薹产品

2.适期采收

菜心的采收标准，一般是菜薹长到同最高叶片的先端平齐，花蕾初开，俗称“齐口花”时为适宜采收期(图 4-2)。气温高时，菜薹生长发育很快，必须及时采收。只收主薹的，在植株基部只留 1～2 叶片即可，如果主薹采收后再收侧薹，则应保留 3～4 片叶，以便腋芽继续萌发形成侧薹。

菜心是否采收侧薹要根据品种特性、栽培季节、栽培技术、肥水条件及前后茬作物的安排来决定。早熟品种生长期短，营养生长基础差，腋芽萌发力弱，栽培季节多在温度较高的季节，一般只收主薹。中熟品种在适宜栽培季节可以留侧薹。晚熟品种生长期长，营养生长基础好，腋芽萌发力强，栽培季节又适宜，主薹采收后还可以大量采收侧薹。在栽培季节上，春季温度较低，菜心生长较慢，营养生长较充分，有利于菜薹发展，可以既采主薹又留侧芽。夏季气温高，菜心生长快，营养生长差，物质积累少，只采收主薹。秋冬季气候变凉，昼夜温差大，适于菜心生长，便于留侧薹。土壤贫瘠，肥水条件差，不宜留侧薹。

菜心食谱

蒜蓉菜心 菜心洗净备用，蒜切末，锅内放油，六成热时放入花椒爆香撇出，下入菜心，翻炒变色，调味，快熟时加入蒜末炒均匀即可。

凉拌菜心 菜心洗净，焯水沥干，加入盐、糖、辣椒油、味精等调料拌匀即可食用。

冬菇菜心 将锅烧热，加油，放入菜心翻炒几下，下入冬菇，加盐、酱油、白糖调味，添入高汤。待菜心烧熟后，下湿淀粉勾芡推匀，盛起装盘。

奶汤菜心 将菜心洗净，剖成两瓣。炒锅中放猪油烧热，将菜心煸一下。调味，加入高汤，当菜心烧软后，将适量牛奶倒入烧开，盛盘，火腿切成末，撒在上面即可。

菜心炒猪肝 将菜心洗净，切开，猪肝洗净切片，用少量干淀粉抓匀。锅放油烧七成热，将猪肝下入锅中滑透捞出。锅内放底油，下菜心、盐，翻炒熟后放入猪肝，调味即可。

项目二 乌塌菜

信息采集

(一)乌塌菜的栽培概况及应用价值

乌塌菜，别称塌地菘、黑菜、塌棵菜。原产于我国，主要分布在我国长江流域，已有近千年的栽培历史。乌塌菜是十字花科不结球白菜的 1 个变种，以黑绿色叶为产品的 2 年生草本植物(图 4-3)。乌塌菜的茎叶经霜后更加肥嫩甜美，且营养丰富。每 100 g 鲜叶中含维生素 C 高达 70 mg，钙 180 mg 以及铁、磷、镁等矿物质。其炒食、煮汤别有风味，为其他蔬菜所不及，在绿叶菜中不失为上品。《食物本草》中载："乌塌菜甘、平、无毒。"能"滑肠、疏肝、利五脏"。常吃乌塌菜可防止便秘，增强人体防病抗病能力，泽肤健美。近年来，随着农业休闲园区的发展，乌塌菜以其优美的叶型作为盆栽观赏蔬菜被广泛应用。

(二)乌塌菜的生物学特性

1.形态特征

乌塌菜的形态特征与普通散叶白菜相近，植株塌地或半塌地型。乌塌菜根系发达，分布较浅，再生力强。茎为短缩茎，但遇高温或过度密植也会伸长。莲座叶着生于短缩茎上，柔嫩多汁，为主要食用部分，叶色浓绿至墨绿，叶片椭圆或倒卵形，有羽状深裂或浅裂，叶面平滑或皱缩。叶柄明显肥厚，直立或半直立。复总状花序，黄色，为虫媒花。果实为长角果，成熟时易裂。种子近圆形，红褐色或黄褐色，千粒重 1.5～2.2 g。

图 4-3　乌塌菜

2.对环境条件的要求

乌塌菜性喜冷凉，在平均气温 18～20 ℃的条件下生长最好，植株能耐－10 ℃的低温，但在 25 ℃以上的高温及干燥条件下，生长衰弱，易感病毒，品质差，产量低。种子发芽适宜温度为 20～25 ℃。属种子春化型蔬菜，长日照及较高的温度条件有利于抽薹、开花。对光照的要求较强，阴雨弱光易引起徒长，茎节伸长，品质下降。乌塌菜对土壤的适应性较强，但以富含有机质、保水保肥力强的黏土或冲积土最适宜。较耐酸性土壤。喜氮肥，微量元素硼不足会引起硼的营养缺乏症。

(三)乌塌菜的类型和品种

乌塌菜的品种很多，按其株形分为塌地和半塌地两种类型(图 4-4)。

1　　2

1.塌地型　2.半塌地型

图 4-4　乌塌菜的两种类型

小创意——玫瑰白菜

1.塌地型

植株塌地与地面紧贴，代表品种有常州乌塌菜，上海大、小八叶等。叶椭圆形或倒卵形，墨绿色，叶面微皱，有光泽，全缘，四周向外翻卷，叶柄浅绿色，扁平，生长期较长。

2.半塌地型

植株不完全塌地，代表品种有南京瓢菜、合肥黄心乌及黑心乌、成都乌脚白等。其叶片半直立，叶圆形、墨绿色，叶有皱褶，全缘，叶柄扁平微凹，白色，叶尖外翻，有菊花心之称。

生产计划

乌塌菜在不同的季节选用适宜的品种可基本实现周年生产。冬春栽培可选用冬性强晚抽薹品种；春季可选用冬性弱的品种；高温多雨季节可选用多抗性、适应性广的品种；秋冬栽培可选用耐低温的塌地型品种栽培。

北方冷凉地区可于 8 月中旬播种，9 月下旬始收至 10 月中旬。华北地区 5 月上旬至 6 月上旬播种，6 月下旬至 7 月中下旬收获；8 月中下旬至 9 月上旬播种，10 月上旬至 11 月上旬收获；9 月下旬播种育苗，10 月下旬移植于阳畦，12 月至翌年 2 月随时收获。长江流域可于 9 月播种育苗，10 月移栽，12 月至翌年 2 月随时收获。

乌塌菜露地栽培方案

(一)播种育苗

乌塌菜可直播，也可育苗移栽。育苗方法参照菜心育苗。

(二)整地定植

选择土质疏松、夏季空闲的熟地。深耕 30 cm，每 667 m^2 施用 2 000 kg 有机肥作基肥。用氨水作基肥效果很好，不但促进生长，也有杀菌、减轻病虫害的作用。做成宽 1～1.2 m 的平畦或低畦。

8 月下旬移栽，定植密度为 30 cm×30 cm。定植深度因气候、土质而异，早秋宜浅栽，以防深栽烂心。寒露后，栽植深些，可以防寒。

(三)田间管理

要注意定植质量，保证齐苗，如有缺苗要及时补苗。定植后浇足定植水，促进缓苗。缓苗后酌情浇水并追施速效氮肥，每 667 m^2 施尿素 5～7 kg。以后经常保持土壤湿润，并结合浇水分期追施氮肥，这是促进生长，保证丰产优质的主要环节。

乌塌菜整个生长期都可采收食用，但以生长期 70～120 d 的产品品质最佳，特别是经霜雪冷冻后，其味甜鲜美，为菜中珍品。采收期依气候条件、品种特性和消费需要而定。一般定植后 30～40 d 可以陆续采收，采收充分长大的需要 50～60 d。

项目三 白茎千筋京水菜

信息采集

(一)京水菜的栽培概况及应用价值

白茎千筋京水菜蔬菜，又称京水菜、水晶菜，是日本传统栽培蔬菜，为十字花科芸薹属 1～

2 年生植物，外观类似花叶芥菜，是芥菜大家族的一员，具有芥菜特有的芳香气味。可采食菜苗，掰收分芽株，或整株收获。京水菜是火锅的上好配菜，也可炒食、腌渍，品质柔嫩。

(二)京水菜的生物学特性

1.形态特征

京水菜为浅根性，主根圆锥形，须根发达，再生力强，苗期生长较缓慢，宜于育苗移栽。茎在营养生长期为短缩茎，叶簇丛生于短缩茎上，植株具有非常强的分枝能力；每个叶片腋间均能发生新的侧株，重叠地萌发新芽而扩大植株，若任其生长，单株重可达3～4 kg(图 4-5)。叶片齿状缺刻深裂成羽状，绿色。叶柄白色或浅绿色，长而细，圆形有浅沟。复总状花序，完全花，花瓣 4 枚，“十”字形排列。长角果内有种子 10 多粒，种子近圆形，黄褐色，千粒重 1.7 g 左右。

图 4-5 京水菜植株

2.对环境条件的要求

京水菜喜冷凉的气候，在平均气温18～20 ℃和阳光充足的条件下最宜生长。在10 ℃以下生长缓慢，不耐高温。喜肥沃疏松的土壤，生长期需水较多，但不耐涝。

(三)京水菜的类型和品种

1.早生种

株丛较直立，叶片裂片稍宽，叶柄奶白色。适应性较强，可夏季栽培。品质柔软，口感好，香味浓厚。煮食或盐渍后生食。

2.中生种

叶片绿色，叶缘锯状缺刻深裂，叶柄白色有光泽，分枝力强，单株重可达 3 kg。不易抽薹，耐寒力强，适于冬春保护地栽培，是火锅的上好配菜。

3.晚生种

植株开张度较大，叶片浓绿色，叶柄白色、柔软、耐寒力强，低温下能生长良好，分枝力非常强，产量高，不耐热。北方可在春秋露地栽培或冬季设施栽培。用于煮食和盐渍。

生产计划

京水菜整株栽培一次收获，也可在植株未完全成熟前采收嫩叶片进行多次收获。春、夏、秋季露地及冬季设施内可随时播种育苗移栽。春播可选用抽薹晚的品种于 3—5 月份播种，60～80 d 后可收获；夏季应选择耐高温的品种在 6—8 月份播种，20～40 d 后收获，最好覆盖遮阳网，利用喷雾、灌水等措施，降低地温和气温。秋播是最适宜栽培的时期，9—10 月份露地播种，40～60 d 后收获。冬播可选择耐寒性强的品种，利用日光温室或塑料拱棚栽培。

京水菜露地栽培方案

(一)播种育苗

京水菜苗期生长较细小缓慢,宜育苗移栽。育苗方法参照菜心育苗。

(二)整地定植

种植地要施经沤熟的畜粪肥作基肥,每 667 m^2 施 3 000 kg 左右。施用量视地力及肥源而定,如施入的基肥充足,定植后可不追肥或少追肥。在地下水位较高的地块及雨水多的季节,宜用高畦栽培。

以采收叶及掰收分生小株的栽培,可按株距 20 cm,行距 25～30 cm 种植,每 667 m^2 栽苗 10 000株左右。若一次性采收大株的需稀些,株距 50 cm,行距 60 cm,每 667 m^2 栽苗 2 000 株。定植后行间间种速生的小菜,如樱桃萝卜。也可按 25 cm×30 cm 的密度种植,中期间拨采收一半。

定植时不宜种植过深,小苗的叶基部均应在土面上,不然会影响植株生长及侧株的萌发,甚至烂心。

(三)田间管理

1.中耕除草

京水菜前期生长慢,不间种的地要及时中耕除草,浅松土。掰收分株的采收后及时除去杂草。

2.水肥管理

浇定植水后 2～3 d,如土壤墒情差,宜再浇 1 次缓苗水。京水菜前期生长较缓慢,一般不追肥,至植株开始分生小侧株时追施 2～3 次氮素化肥,或浸泡过的饼肥等速效性肥。采收前不宜再追肥(图 4-6)。

图 4-6　京水菜露地栽培

3.采收

小株采收的，当京水菜苗高 15 cm 左右时，可整株间拔采收（图 4-7），是火锅的上等配菜。由于它的侧株萌发力很强，一般宜采取多次采摘叶片（连叶柄一起剥下），扎捆上市的方法增加总产量，并且陆续采摘延长供应期。定植后 20 多天，植株高 15 cm 时，开始萌发侧株，可陆续掰收，但一次不宜收得太多，看植株的大小掰收外围一轮，待长出新的侧株后陆续收获。植株长大封垄时，一次性割收。冬季保护地栽培，延续采摘可达 60 余天。

图 4-7　京水菜整株采收

项目四　抱子甘蓝

信息采集

（一）抱子甘蓝的栽培概况及应用价值

抱子甘蓝，又称芽甘蓝、子持甘蓝，是十字花科芸薹属甘蓝种的一个变种，以腋芽形成小叶球为食用部分。小叶球可炒食、煮汤、作色拉配菜，或用沸水焯后裹面油炸，柔嫩可口，别有风味。抱子甘蓝在欧州、美洲和日本栽培较多，近年来由于旅游业的发展，我国各大中城市郊区也在引种试种。但由于产量不高，栽培面积少，在市场上仍是稀有商品。

（二）抱子甘蓝的生物学特性

1.形态特征

抱子甘蓝茎干直立，植株高大，株高在 60～100 cm；主根发达，入土 40 cm 左右，主要根系分布于 20 cm 土层中；叶片稍狭，外缘向内略弯，呈小勺形，叶色与甘蓝相同，叶柄长短随生育阶段而不同。苗期、莲座期叶柄短，此期具 15 片叶左右；主茎伸长后，茎上叶为长柄叶，可生 60 多片，叶呈水平伸展，每叶的腋芽均可以发育成小叶球（也称子球、芽球），球径 2～3.5 cm，每球有球叶 40 多片（图 4-8）。因芽球围生于茎干上，故称抱子甘蓝；茎顶叶片的叶柄短，排列紧，呈水平展开，使叶丛呈盘状，其叶腋一般不能形成芽球。通过春化的植株茎顶抽生总状花序，开黄花、结角果，种子深褐色，每 50 g 种子约 1.6 万粒。

2.对环境条件的要求

抱子甘蓝喜冷凉气候，生长适宜温度为 18～22 ℃。耐寒性强，可耐−3 ℃的短期低温而不受冻害。但耐热性较弱，温度在 23 ℃以上，结球不良、品质较差且多病，故春播产量较低。抱子甘蓝芽球的形成，需要一定的营养基础和温度条件。一般当植株上具有真叶 20 片以上，温度又在 20 ℃以下时，则各长柄叶的叶腋才能形成硕壮腋芽；当植株真叶继续增长至 40 片以上，气温为 12～13 ℃时，腋芽才能迅

警惕春甘蓝未熟抽薹

速发育成叶球。抱子甘蓝以大苗通过春化，才分化花芽。因此，冬春育苗期如经受低温后，易导致未熟抽薹，造成栽培失败。

1 2

1.结球前 2.结球后

图 4-8 抱子甘蓝植株

抱子甘蓝对土壤适应性较窄，不耐干旱，耐酸性弱，在沙质土壤中植株生长差，产量不高，故适宜在黏质、深厚、肥沃、排水良好的土壤上栽培。

(三)抱子甘蓝的类型和品种

抱子甘蓝分早、中、晚熟 3 类。早熟种株高约 60 cm，从定植到始收为 90 d 左右；中熟种株高 60～80 cm，定植到始收为 90～100 d；晚熟种株高 80～100 cm，定植至始收为 120 d 左右。早熟品种耐热性强，中晚熟品种耐寒力极强，但不耐热。早熟品种有早生子持、绿宝、千寿、早绿、新西兰等。中熟品种有王子、摇篮者、玉川、富士、中生等。晚熟品种有斯马谢、探险者、温安迪巴等。

生产计划

春大棚和春露地栽培，上述品种均可利用，宜保护地或温室育苗。晚熟种要早播。秋季露地栽培要用早熟品种，6 月中下旬播种育苗，7 月下旬定植于露地。秋季设施栽培宜用中熟和晚熟品种。7 月下旬至 8 月上旬育苗，9 月中旬定植于温室或大棚。

抱子甘蓝塑料大棚春早熟栽培方案

(一)播种育苗

采用 288 孔穴盘或平盘播种，苗床保持 20 ℃，出苗后保持 18 ℃。幼苗具 2 片叶时分苗于 128 孔穴盘中。日历苗龄 35～40 d，具 3～4 片叶时定植于大棚。

(二)整地定植

定植前 1 个月扣棚膜，提高棚内气温和地温。定植前 2 周结合整地每 667 m^2 施优质农家肥

2 000～3 000 kg，磷酸二铵 15 kg，过磷酸钙 10 kg 做基肥，深翻整平后起垄，每 2 垄覆盖 1 幅透明地膜以提高地温。选择大小一致的壮苗定植，按株行距 50 cm×80 cm 栽苗，每 667 m^2 栽苗 1 800株。定植时地温较低，定植穴内浇少量水，水渗后栽苗。

(三)田间管理

1.温度管理

定植初期注意密闭保温，白天保持 20～22 ℃，夜间 12～15 ℃，可通过大棚内设小拱棚保温。缓苗后日温降至 15～20 ℃，夜温 10～12 ℃。莲座期后期至结球期，日温 15～20 ℃，夜温 8～10 ℃。

2.水肥管理

缓苗后根据土壤墒情浇 1 次缓苗水。定植后 15～20 d 追 1 次发棵肥，每 667 m^2 施尿素 10 kg、过磷酸钙 10 kg、硫酸钾 10 kg。植株基部腋芽开始形成小叶球时再追 1 次肥，每 667 m^2 施尿素 5 kg。进入采收期，每采收 2～3 次，追 1 次肥。生长期间保持土壤湿润。

3.剪叶

生长期间及时将植株下部的老黄叶剪除。特别是芽球形成期间，若叶球受叶柄挤压而球形不正，影响商品外观。因此，叶球膨大期需将着生芽球的叶片从叶柄基部剪除，随着叶球自下而上地形成，剪叶工作亦随之陆续向上进行，最后叶腋有芽球的长柄叶可全部剪除，仅剩植株顶部的盘状叶丛(图 4-9)。

图 4-9　剪叶后的植株

4.采收保鲜

抱子甘蓝叶腋的芽球自下而上形成，采收要分次分批进行。气温较高季节，叶球常包心不紧或易松散，可将采收时间略为提早。芽球直径 2～3 cm(小叶球 4～6 g)时即行采收(图 4-10)，芽球太大，则商品价值较差。采收时，采收刀应从芽球基部切下，每株可采 30～40 个，杂优一代可采 70～80 个，甚至 100 个以上。

图 4-10　抱子甘蓝产品

采后的抱子甘蓝，蒸发失水很快，叶球易黄化。故采后应迅速冷却，并贮藏于低温高湿的条件下。温度宜保持在 0 ℃左右，相对湿度为 95%以上，可保鲜 20～30 d。5～10 ℃

条件下可保鲜 7 d。用打孔的保鲜袋包装，可进一步延长保鲜期。

抱子甘蓝食谱

肉炒抱子甘蓝 抱子甘蓝洗净，切成两半。肉片用酱油、盐和白糖腌制 5 min。锅内放油烧热后，加入姜和蒜末爆香，放入肉片翻炒；肉片变色，加入抱子甘蓝翻炒，调味，加入少量清汤，炒熟即装盘。

抱子甘蓝咸肉汤 咸肉洗净切成大片，将咸肉、生姜、水发黄豆、料酒和水放入锅中大火烧开，转小火煮 30 min，放入抱子甘蓝再煮 3 min，调味即可。

抱子甘蓝沙拉 抱子甘蓝洗净，切成两半，用开水焯熟，加入洋葱丁、苹果丁、煮熟的马铃薯丁，加入沙拉酱或蛋黄酱拌匀即可。

抱子甘蓝炒鱼丸 抱子甘蓝洗净，底部切十字刀。锅内放油烧热，下入抱子甘蓝煸炒。加入盐、鸡精等炒至变色，加入鱼丸，淋入少量高汤，炒至变软，勾芡，出锅。

项目五 宝塔花菜

信息采集

(一)宝塔花菜的栽培概况及应用价值

宝塔花菜又称富贵菜、珊瑚菜花，是十字花科芸薹属甘蓝种中以花球为产品的 1 个变种，2 年生草本植物，属绿菜花型。原产于意大利、法国等地，后作为稀特蔬菜引入我国栽培。宝塔花菜的花球由花蕾簇生成多个小宝塔，并螺旋形成主花塔，平均单花重 1～2 kg。其蕾粒细小，花球紧密，形状奇特，色泽翠绿，极具观赏性，故又称“翡翠塔”，菜农简称其为“塔花”。

宝塔花菜营养价值较高，与普通花椰菜相比较，其蛋白质、胡萝卜素和维生素 C 的含量较高，在西方素有“新生命食品”之美誉。宝塔花菜造型典雅，质地脆爽、风味清香、宜鲜食和速冻加工，是一种值得推广的新型蔬菜。目前，宝塔花菜在我国尚属于高档蔬菜，多用于礼品菜装箱，供应宾馆、饭店和超市，满足中高档蔬菜消费需求。

(二)宝塔花菜的生物学特性

1.形态特征

主根基部粗大，根系发达，主要根群分布在 30 cm 耕作层内。营养生长期茎梢短缩，茎上腋芽不萌发。叶片狭长，披针形或长卵形，营养生长期具有叶柄，并具裂叶，叶面无毛，表面有蜡粉。一般单株由 20 多片叶构成叶丛。阶段发育完成后抽生花茎，由翠绿色花粒组成多个圆锥形小尖塔，再由多个小塔花组成塔状花球，形状酷似宝塔，故称宝塔菜(图 4-11)。在温光条件适宜时花球逐渐松散，花枝顶端继续分化形成正常花蕾，各级花梗伸长，进而抽薹开花。复总状花序，完全花，花萼绿或黄绿色，花冠黄色。果实为长角果，每角果含种子 10 余粒。种子圆球形，紫褐色，千粒重 2.5～4 g。

图 4-11　宝塔花菜的花球

2.生育周期

宝塔花菜整个生长期需 150 d 左右，可分为发芽期、幼苗期、莲座期和花球形成期 4 个阶段。

(1)发芽期　从播种至子叶展开、真叶露出为发芽期，适宜条件下需 7 d 左右。

(2)幼苗期　从第 1 片真叶露出至第 1 叶序 5～6 片叶形成，需 25 d 左右。

(3)莲座期　从第 1 叶序展开至第 16～18 片叶形成，需 85 d 左右。

(4)花球形成期　从花球出现至成熟，需 30 d 左右。

3.对环境条件的要求

宝塔花菜起源于地中海北部，为半耐寒性蔬菜，喜温和湿润气候，但也有一定的抗寒能力和耐热能力。种子发芽最适温度 25 ℃，外叶生长适宜温度为 15～25 ℃，幼苗可忍受0 ℃以下低温和 35 ℃高温。花球生长适宜温度白天 18～23 ℃，夜间 8～12 ℃，地温 16～20 ℃，温度过高生长不良。宝塔花菜为长日性植物，喜中等光强。苗期需水量不多，中后期需湿润的土壤条件；宝塔花菜对土壤适应性较广，但适宜在深厚、疏松、排灌良好的土壤种植，适宜土壤 pH 6.5 左右。生长期间对氮、磷、钾的吸收比例为 3：1：4，生产上注意三者配合施用。

生产计划

宝塔花菜喜冷凉气候条件，露地栽培应避开高温天气，选择春秋两季栽培，以秋季栽培为佳。利用塑料大棚和日光温室可进行春早熟、秋延后和越冬栽培。具体安排如下。

1.露地春季栽培

早春在温室或大棚内育苗，4月中下旬定植于大田，6月末至7月初开始采收。

2.露地秋季栽培

一般在6月中下旬利用遮阳避雨设施育苗，7月中下旬定植，冬前采收完毕。

3.塑料大棚春早熟栽培

1月下旬至2月上旬育苗，3月上中旬定植，5月底至6月上旬采收。

4.日光温室秋冬茬栽培

9月利用大棚或小拱棚育苗，10月定植，元旦春节期间上市，经济效益较高。

宝塔花菜日光温室秋冬茬栽培方案

（一）培育壮苗

日光温室秋冬茬栽培应于9月上旬播种育苗。可选用128孔穴盘，出苗后白天温度控制在20～24 ℃，夜间控制在10 ℃左右。10月上旬，当幼苗具4～5片真叶，株高5 cm时即可定植。

（二）整地定植

1.整地施肥

每667 m^2 地块撒施充分腐熟的农家肥3 000 kg，深翻整平后，按照1.2 m的大行距开20 cm深的施肥沟，沟内共施入膨化鸡粪100 kg，三元复合肥15 kg，用土填平掺匀，然后从施肥沟两边取土做成1 m宽的小高畦，畦高10～15 cm。

2.定植

定植期温室内外温度较高，应选择在下午或傍晚光照较弱时定植，防止蒸发量较大而使幼苗萎蔫，不易缓苗。定植时在畦上开定植沟，按40 cm株距交错摆苗，用少量土稳苗后，在定植沟内浇足定植水，暂时不合垄。3 d后，当幼苗开始生长时再培土合垄。并将垄台用小木板刮平，再覆盖黑色地膜，地膜上栽苗的位置切小口，将幼苗引出。

（三）田间管理

1.温度管理

定植到缓苗白天温室内温度控制在22～26 ℃，夜间控制在15～18 ℃。缓苗后到结球白天温度控制在20～22 ℃，夜间控制在12～14 ℃。结球期白天温度控制在20 ℃，夜间控制在10～12 ℃，以利结球紧实。

2.水肥管理

定植后到莲座叶形成期植株不可缺水。定植时浇足定植水，3～5 d后浇缓苗水。莲座叶形成前要保持土壤湿润，缺水则植株矮小，不能形成强大的营养面积。莲座期少浇或不浇。12月上旬，当心叶卷抱，花球形成时，要水肥齐供，7～10 d浇1水，隔1水施1次肥，每次每667 m^2 随水追施三元复合肥10 kg。并结合喷药叶面喷施硼肥，防治茎裂、毛花、花球松散等生理障碍。

3.适时采收

宝塔花菜采收期较为严格，过早采收影响产量，而过迟采收会使花球松散影响商品性。宝塔花菜的花球为浅黄绿色，主茎较粗，蕾细花球紧密，球重 1.5 kg 左右。合适的采收标准是花球边缘花蕾粒将要或略有松散。采割时要保留花周围有 4～5 片小叶，采收宜在清晨进行，不仅可以降低花球温度，而且能保持花球新鲜度和花蕾紧实度。采收后应及时销售或冷藏保鲜处理，切忌堆压。

拓展阅读

大白菜 原产于我国，是我国人民喜食的蔬菜之一。近年来，科学家选育出彩色大白菜品种（图 4-12），不但好吃，而且好看，深受消费者喜爱。与普通大白菜相比较，彩色大白菜中的胡萝卜素和花青素含量明显增加，对于抵抗肌肤衰老，提高人体免疫力具有显著作用。

图 4-12 彩色大白菜

儿菜 即芽用芥菜，学名抱子芥。在粗大的茎上，环绕相抱着一个个翠绿的芽芥包，如同无数孩子把娘围在中间一样，儿菜由此得名（图 4-13）。其短缩茎上的腋芽膨大而成为主要食用器官，重叠呈塔状，短缩茎、腋芽、外叶，乃至幼苗全身均可食用，外叶碧绿，内心（肉）洁白，绿白相间，十分诱人，品质细嫩，味道清甜，可煮汤，红烧，炒食，凉拌，泡菜，腌渍。

图 4-13 儿菜

紫衣芥菜 是叶用芥菜新品种，为十字花科芸薹属1～2年生草本植物。其叶柄绿色，叶片紫红色，羽状深裂，叶片厚实有韧性。高温强光下，叶片呈深紫色；弱光下，叶片为深绿色。以嫩叶供食，可清炒、做汤或腌制，有芥菜特有的辛辣味。因其叶形奇特，色彩鲜艳，适合作盆栽观赏（图 4-14）。

图 4-14 盆栽紫衣芥菜

芥蓝 十字花科芸薹属1～2年生蔬菜，是甘蓝的1个变种，是我国的特产蔬菜，在我国南方广泛栽培。引入北方后，得到了北方消费者的普遍认可，栽培面积正逐渐扩大，是一种很有发展前途的特菜。我国的芥蓝有白花芥蓝和黄花芥蓝两种（图 4-15）。北方引种的多为白花芥蓝，以柔嫩花薹及嫩叶为主要食用部分，肉质脆嫩，炒食色翠绿，味清甜，深受消费者喜爱。

图 4-15 芥蓝植株

图 4-16 食用羽衣甘蓝

羽衣甘蓝 别称无头甘蓝,海甘蓝,十字花科芸薹属甘蓝种中的 1 个变种,2 年生草本植物,原产于地中海沿岸,欧洲和北美洲栽培较普遍。因其叶缘羽状分裂,裂片互相覆盖呈褶皱状酷似裙裾而得名(图 4-16)。其嫩叶中维生素 C 的含量非常高,微量元素硒的含量为甘蓝类蔬菜之首,具有“抗癌蔬菜”的美称。嫩叶可炒食或凉拌,是欧美国家的重要蔬菜之一,在我国还是一种正在推广普及的新型食疗蔬菜。由于其叶形优美,在很多农业园区用其作为观赏蔬菜栽培。

紫甘蓝 又称红甘蓝,为十字花科芸苔属甘蓝种中的 1 个变种,2 年生草本植物,因其外叶和叶球均呈紫红色故名紫甘蓝(图 4-17)。原产于地中海沿岸,其叶片色彩鲜艳,是沙拉制作不可缺少的彩色蔬菜。20 世纪 90 年代引入我国,现已逐渐被国人认可。

图 4-17 紫甘蓝叶球

皱叶甘蓝 十字花科芸薹属甘蓝种中能形成具有皱褶叶球的1个变种，2年生草本植物。原产于地中海沿岸，是欧洲和北美洲各个国家的主要蔬菜之一，我国栽培较少。由于叶片大量的皱褶，叶表面积增大，叶片不大即可结成叶球(图4-18)，所以皱叶甘蓝比其他甘蓝品种的质地更为细嫩、柔软。芥子油的气味较轻，口感佳，更适合生食，宜做沙拉、泡菜等，也可炒食。

图4-18 皱叶甘蓝叶球

图4-19 紫苤蓝肉质茎

紫苤蓝 十字花科芸薹属甘蓝种的1个变种，为2年生草本植物。以膨大的肉质球茎和嫩叶为食用部位(图4-19)，叶柄、肉质茎呈紫色，球茎脆嫩清香爽口、营养丰富，最适合生食和凉拌，有水果清香，因此被称为水果苤蓝。

西兰薹 其是由西兰花与芥蓝杂交选育而成，又称小小西兰花、青花笋、芦笋青花菜，是最近几年才出现的一种新型蔬菜（图 4-20）。它集合了西兰花与芥兰两者的优点，口感比西兰花脆嫩，没有芥蓝常有的青涩味道，深受消费者喜爱，价格高出西兰花和芥蓝数倍。为增加产量，栽培时需要打顶，以促进侧薹的发生。

图 4-20 西兰薹植株

观赏羽衣甘蓝 又称叶牡丹，外叶绿色，心叶有红、粉、黄、白等多种颜色，形状如莲花，外观鲜艳漂亮，常作为观赏植物栽培（图 4-21）。由于其耐寒性强，多应用于秋冬季节室外绿化。

图 4-21 观赏羽衣甘蓝

白菜类特菜知多少?

单元小结

白菜类特菜均为半耐寒性蔬菜，生长期较短，可排开播种，基本能满足周年供应。生产上一般采取播种育苗方式，要注意培育壮苗。白菜类特菜在生长期要注意水肥管理，以保证产品器官鲜嫩。白菜类特菜中以采收花薹为产品器官的蔬菜，要满足植株对温度和光照的需求。白菜类特菜可根据产品器官的生长情况灵活进行采收。

单元自测题

1.根据熟性的早晚，菜薹可分为哪几种类型？各有何特点？
2.菜心的栽植密度如何确定？
3.菜心生长过程中怎样进行追肥灌水？
4.菜心的采收标准是什么？
5.乌塌菜有哪两种类型？
6.简述乌塌菜育苗技术要点。
7.乌塌菜怎样进行采收？
8.京水菜和普通叶用芥菜相比有哪些特点？
9.京水菜进行周年生产，如何安排茬口？
10.京水菜怎样进行采收？
11.抱子甘蓝芽球形成需要哪些条件？
12.抱子甘蓝怎样进行采收贮藏？
13.宝塔花菜采收标准是什么？

单元五 绿叶菜类特菜

知识点 绿叶类特菜的种类及其应用价值；几种绿叶类特菜的生物学特性和品种类型；几种绿叶类特菜的高效栽培技术。

技能点 散叶莴苣采收；落葵植株调整；蕹菜采收；紫背天葵扦插繁殖；球茎茴香采收。

职业素养 自主学习，触类旁通；躬身实践，知行合一；创新思维，合作意识。

绿叶菜类特菜种类繁多，在植物学分类上分别属于不同的科。根据其对温度环境的要求大致可分为两大类：一类是耐热性绿叶菜，如落葵、蕹菜、紫背天葵等，另一类是半耐寒性绿叶菜，如莴苣、香芹、冬寒菜、球茎茴香等。绿叶菜类特菜的共同特点是以鲜嫩的叶片、叶丛或嫩茎为食用部分，生长速度快，生育期短，喜水喜氮肥。植株矮小，耐弱光，适合与其他高棵蔬菜进行间套种。栽培管理简单，但采收较费工。适合排开播种，长期供应。

项目一 叶用莴苣

信息采集

(一)叶用莴苣的栽培概况及应用价值

叶用莴苣，别称生菜，菊科莴苣属一年生或二年生草本植物，原产于地中海沿岸，在我国南北各地普遍栽培。莴苣营养丰富，富含多种矿物质和维生素，同时含有的莴苣素、甘露醇等多种有效成分，具有清热、消炎、利尿、抗病毒等功效。以叶片供食，口感柔嫩、气味清香，最适生食，都是深受广大消费者喜爱的绿叶菜。由于散叶生菜可以掰叶采收，采收期较长，特别适合作家庭阳台蔬菜。另外，由于叶用莴苣品种繁多、形态各异，极具观赏价值，已成为各地观光园区无土栽培的首选蔬菜(图 5-1，图 5-4)。

图 5-1　叶用莴苣柱式栽培

(二)叶用莴苣的生物学特性

1.形态特征

直根系，根系浅，分布在 15～25 cm土层中。叶互生，倒卵形，绿色或紫色，结球莴苣球叶抱合成叶球。叶用莴苣茎在营养生长期短缩，后期抽生花茎(图 5-2)。种子较小，扁平锥形，灰白色，千粒重 0.8～1.2 g。

图 5-2　不同品种的莴苣组合盆栽

2.对环境条件的要求

莴苣喜冷凉湿润气候，耐寒，忌炎热。种子在 4 ℃以上即可发芽，但所需时间较长，发芽适宜温度为 15～20 ℃，30 ℃以上发芽受阻。15～20 ℃适宜茎叶生长，高于 25 ℃ 易引起先期抽薹。17～18 ℃适宜结球莴苣生长，高于 21 ℃结球不良。莴苣对土壤适应性很强，以富含有机质、疏松透气的壤土或黏质壤土为宜，需较多的氮肥和一定量的钾肥。

(三)叶用莴苣的类型和品种

根据叶片形状又可分为皱叶莴苣、结球莴苣和直立莴苣 3 个变种(图 5-3)。

1.皱叶莴苣

叶具深裂，叶面皱缩，有松散的叶球或不结球，适应性较强，易栽培。优良品种有广州东山生菜(软尾生菜)、玻璃生菜、红叶生菜、美国大速生等。

1.皱叶莴苣　2.结球莴苣　3.直立莴苣

图 5-3　莴苣的不同类型

2.结球莴苣

叶全缘，叶面平滑或皱缩，外叶开展，心叶抱合成叶球，呈圆球形至扁球形。优良品种有广州青生菜、大湖 65、凯撒、爽脆、皇帝、落林娜等。

3.直立莴苣

直立莴苣又称散叶生菜，叶全缘或有锯齿，外叶直立，一般不结球，叶片抱合成圆筒形或圆锥形叶球。品质柔嫩软滑，易栽培，生长期短，无严格采收期。如意大利耐抽薹生菜、奶油生菜和长叶生菜等。

生产计划

莴苣性喜冷凉，各种类型均适合露地春秋栽培和温室越冬栽培。夏季栽培则需选用耐抽薹的散叶类型，并利用遮阳防雨棚进行越夏栽培。

图 5-4　品种繁多的叶用莴苣

日光温室越冬茬叶用莴苣栽培方案

(一)播种育苗

日光温室越冬茬叶用莴苣栽培,可在 10—12 月随时播种、随时定植。叶用莴苣多采用育苗移栽。将种子播于 288 孔穴盘或平盘,播后苗盘温度保持 15～18 ℃,一般 3～5 d 可出土。幼苗 2～3 叶期,即可移植到 128 孔穴盘。移植缓苗期,要保温保湿,气温在 20 ℃左右为宜。缓苗后,要降湿降温,气温降至 16 ℃左右。日历苗龄 20～30 d,幼苗具 4～5 片叶时即可定植。

(二)整地定植

叶用莴苣生长对温度要求不高,冬季室内最低温度不低于 5 ℃的温室即可生产。定植前每 667 m^2 施腐熟的优质农家肥 4 000 kg,复合肥 20 kg,普施后浅耕 15～20 cm,做 1 m 宽的畦,畦高 10～15 cm。秋季定植,如果温室内温度较高,可选择傍晚移栽。冬季定植,可提前 1 周覆地膜烤地，当地温稳定在 8 ℃以上时，即可定植。株行距 17 cm×20 cm，栽植深度以不埋住心叶为宜，及时浇定植水。

(三)田间管理

莴苣不耐高温高湿，当气温超过 25 ℃时，应通风降温或采取遮阳措施。

散叶莴苣移栽缓苗后，即可追肥灌水。对于结球莴苣可实行 1 周蹲苗，蹲苗结束后再进行追肥灌水。每 667 m^2 随水追施尿素 10 kg，收获前 20 d 停止追施速效氮肥，防止叶片内积累硝酸盐过多。另外，结球莴苣在心叶内卷初期，还应叶面喷施 0.2%磷酸二氢钾溶液。结球后期视植株生长情况，再适当追施重肥 1 次，促使叶球紧实。

小创意——吉祥活体蔬菜

莴苣的茎叶幼嫩多汁，在田间作业时要注意不可损伤茎叶或根系，否则易感病害。在气温高、土壤湿度大的情况下，要趁叶面无露水的时候，摘掉近地面的黄、老、残叶，以防染病。

散叶莴苣，可摘擗大叶留小叶，将采摘的叶片捆把上市，也可整株割下。结球莴苣可用手轻压叶球，有一定承受力，叶球的松紧度适中时采收为最好。收获时，则从地表割下，摘掉外部老叶，叶球外保留 3～4 片外叶，即可包装上市。

项目二 落　葵

信息采集

(一)落葵的栽培概况及应用价值

落葵又称木耳菜、胭脂菜、豆腐菜等，落葵科一年生草本植物。原产于我国和印度，我国栽培历史悠久，在公元前 300 年即有关于落葵的记载。落葵以幼苗、嫩梢和嫩叶供食用，其色泽油绿、气味清香、柔滑爽口、风味独特，可做汤、炒食、凉拌等，咀嚼时如吃木耳一般，故称木耳菜。每 100 g 鲜菜中含有碳水化合物 3.1 g，水分 95 g 左右，蛋白质 1.7 g，另外还含有胡萝卜素、维生素 C、钙、铁等营养物质。落葵不仅有较高的营养价值，还有一定的药用价值，经常食用有降压保肝，缓泻滑肠，清热解毒，润泽皮肤和美容的作用。此外，落葵叶碧绿、梗红、花红、果紫，加上攀缘生长，可作盆栽(图 5-5)或篱笆式栽培，可食可赏，适用于庭院种植或农业观赏园区种植。

(二)落葵的生物学特性

1.形态特征

落葵植株生长势较强，根系发达，分布深而广，在潮湿土表易生不定根，可扦插繁殖。茎紫红色或绿白色，稍肉质，光滑无毛，分枝能力很强，长达数米。叶为单叶互生，全缘，无托叶，呈绿色或紫红色。叶心脏形或近圆形至卵圆披针形，顶端急钝尖或渐尖，叶肉质光滑。花序穗状腋生，长 5～20 cm，两性花，淡紫色至淡红色，下部白色，或全萼白色。雄蕊 5 枚，花柱 3 枚，基部合生。花期 6～10 个月。果为浆果，卵圆形，直径 5～10 mm(图 5-6)。种子球形，紫褐色，直径 4～6 mm，千粒重 25 g 左右。

图 5-5　盆栽落葵

2.对环境条件的要求

落葵喜温暖，耐热、耐湿性较强，不耐寒冷。种子发芽适宜温度 20 ℃左右，生育适宜温度为 25～30 ℃，不耐寒，遇霜害则枯死。在 35 ℃以上高温，只要不缺水，仍能正常长叶及开花结籽。其耐热、耐湿性均较强，高温多雨季节仍生长良好。故在我国各地均可安全越夏。对土壤要求不严格，适应性强，喜欢中性或偏酸性的疏松土壤。

1　　2

1.落葵花　2.落葵果实

图 5-6　落葵的花和果实

(三)落葵的类型和品种

落葵按植物性状可分为白花落葵和红花落葵两种类型。目前红花落葵栽培较多。

1.红花落葵

(1)赤色落葵 简称红落葵,茎淡紫色至粉红色,叶深绿,叶脉叶缘紫红色。叶卵圆形,叶型较小,穗状花序。

(2)青梗落葵 赤色落葵的一个变种。茎绿色,其他特征与赤色落葵相似。

(3)广叶落葵 茎绿色,老茎局部带粉红至淡紫色,叶深绿,顶端极尖,有凹陷,叶片大。

2.白花落葵

茎淡绿,叶绿色,叶片卵圆至圆形,边缘稍作波状,叶子最小。花序着生花数量较少。

生产计划

北方地区露地栽培以春播为主,可于终霜后直播,或于3月上中旬在设施内育苗,终霜过后定植于露地。设施春早熟栽培一般在1—2月育苗,2—3月定植在日光温室或塑料拱棚中。冬季可利用日光温室的后墙和山墙进行攀缘栽培。

落葵露地栽培方案

(一)整地施肥

选择排灌方便,土层深厚,疏松肥沃的砂质壤土,播种前每667 m^2 施有机肥3 000 kg,过磷酸钙20 kg,耕翻入土,耕细整平。春季做成平畦,夏季做成小高畦,防止雨涝。

(二)播种育苗定植

1.露地栽培

多采用直播方式。以采收嫩梢或幼苗的不搭架栽培,可撒播或条播,撒播的每667 m^2 用种量7～8 kg,条播行距为20～30 cm,每667 m^2 用种量5 kg。上述两种方法每667 m^2 保苗30 000株。以采收嫩叶为主的架式栽培采用穴播法,行距40 cm,穴距30～35 cm,每穴播4～5粒,每667 m^2 用种量5 kg左右。播种前应浇足底水,播后覆土2～3 cm。出土后及时松土,干旱时及时浇水,幼苗长出2片真叶时进行间苗,4片真叶时即可定苗,每穴留苗2～4株。以兼收幼苗食用的,5～6片真叶时即可间拔上市。

2.设施栽培

春季利用设施进行育苗,可选用128孔穴盘,将已催芽的种子直接播于穴盘中,每钵2粒。苗床温度白天保持25～30 ℃,夜间15～20 ℃。日历苗龄30 d,4～5叶时即可定植。以采食叶片进行搭架栽培时,穴行距为(30～40)cm×(40～60)cm,每穴2～4株;以采食嫩梢进行不搭架栽培时,穴行距为(15～20)cm×(30～40)cm,每穴1～3株。

(三)田间管理

1.中耕松土

落葵一般在缓苗或定苗后,上架及每次采收后都应进行中耕除草,并适当向植株基部培土。

2.水肥管理

落葵出苗后,要保持土壤湿润,落葵是多次收获茎叶的蔬菜,应在采收后每667 m^2 及时追施

500 kg 腐熟的有机肥或 10 kg 尿素，以利于新梢发生，促进叶片肥大。

3.植株调整

一般在植株高 30 cm 左右时支架引蔓，支架的形式以直立棚架为好，通过支架引蔓（图 5-7），使植株合理分布，增加受光面积和空间利用率，提高产量和产品质量。根据落葵采摘部位的不同，可在生长期间采用两种不同的整枝方法。

图 5-7　落葵伸蔓期

(1)采收嫩梢　在株高 33～35 cm 时，留下部 3～4 片叶收割嫩梢，选留 2 个强壮侧芽，其余抹掉。收割两茬后，选留 2～4 个强壮侧芽，其余抹掉。在旺盛生长期，可选留 6～8 个强壮侧芽。在生长的中后期应尽早抹掉花蕾，减少营养消耗，促进茎叶生长。以利于提高质量和产量。

(2)采收嫩叶　选留一条主蔓为骨干蔓，当骨干蔓长到架顶时摘心。再从骨干蔓基部选留强壮侧芽形成的侧蔓。原骨干蔓采收结束后要在紧贴新蔓处剪去。收获后期，可根据植株的生长势，减少骨干蔓数，同时要尽早抹去花茎幼蕾。这种管理方法植株单叶数少，但单叶重量大，叶片肥厚柔嫩，品质好，总产量高，商品价值高。在调整时，应及时摘除花蕾和腋芽，防止生长中心转移，这是植株调整的关键技术，也是高产稳产的主要措施之一。

4.适时采收

采收幼苗供食用的，播后 40～50 d 即可选大苗间拔上市。采收嫩梢供食用的，在株高 30 cm左右时，即可留 3～4 片叶收割，收割长度以 16 cm 左右为宜，收割头梢后 7～10 d 可再次收割，一般可连续采收 3～5 次。采收嫩叶食用的，在生长前期 15～20 d 可采摘 1 次，中期 10～15 d 采摘 1 次，后期 7～10 d 采摘 1 次。春播的可连续采摘 120 d，但必须摘除花蕾。

落葵食谱

清炒落葵 落葵洗净，捞出沥水备用；炒锅倒入油烧热，放入蒜末炒出香味，倒入料酒，放入落葵，调味，浇入香油，出锅即可。

凉拌落葵 将落葵择洗干净，放入煮开的水中焯烫，过凉，切长段，放入盘中；银耳泡发后洗净，撕成小朵放入，加盐、醋、香油拌匀即可。

落葵海米 将落葵洗净，投入开水中烫至断生，捞出冲凉；锅中加入花生油烧至五成熟，放入葱、蒜炒香，放入海米、落葵、少量清汤，烧至酥烂，调味，勾芡，淋香油装盘即成。

落葵豆腐汤 锅热后倒少许油，加入葱丝炒香后，倒入高汤烧开，豆腐切块加入，煮2 min，调味，落葵洗净去柄加入，烧开后点香油出锅即可。

项目三 蕹 菜

信息采集

(一)蕹菜的栽培概况及应用价值

蕹菜，又称空心菜、竹叶菜、藤藤菜，旋花科牵牛属以嫩茎叶为产品的1年生或多年生蔓性草本植物。原产于我国热带多雨地区，目前种植范围较广，我国从南到北均有栽培。蕹菜性寒味甘，有清暑祛热、凉血利尿、解毒和促进食欲等功效。蕹菜食法多样，可做汤或炒食，还可凉拌或做泡菜等，荤素均宜。

(二)蕹菜的生物学特性

1.形态特征

蕹菜的根系为须根系。须根系分布浅，再生能力强。茎圆形、中空、有节，节上能生不定根。子叶对生，马蹄形，真叶互生，长卵形，基部叶心脏形，全缘、叶面光滑、浓绿或浅绿，具叶柄。花腋生，漏斗状，完全花，白色或微带紫色，子房2室(图5-8)。蒴果，卵形，含2～4粒种子。种子近圆形，皮厚，黄褐色，千粒重32～37 g。

图5-8 蕹菜花

2.对环境条件的要求

蕹菜喜温耐热，种子在15 ℃左右开始发芽，子叶开展至4～5片真叶的幼苗期，生长适宜温度为20～25 ℃，10 ℃以下生长受阻。茎叶生长适宜温度为25～35 ℃，温度较高，茎叶生长旺盛，采摘间隔时间愈短。蕹菜能耐35～40 ℃的高温，但不耐霜冻和低温，遇霜茎叶即枯死，10 ℃以下茎叶停止生长。

蕹菜是短日性蔬菜，植株能否开花结果起决定作用的是短日照条件，北方长日照条件下不易开花结果。

蕹菜喜较高的空气湿度和湿润的土壤，干旱会造成嫩茎纤维增多，品质粗糙，降低商品性，也降低产量。蕹菜对土壤条件要求不严格，但因其喜肥喜水，仍以较黏重保肥保水力强的土壤为好。蕹菜的叶梢量大，而且生长迅速，所以对肥料要求较高，需肥量大，尤其是对氮肥的需求量大。

(三)蕹菜的类型和品种

蕹菜依其能否结籽分为子蕹与藤蕹2个类型。

1.子蕹

可用种子繁殖，也可扦插繁殖。耐旱力较藤蕹强，一般栽于旱地，也可水生。又可分为白花子蕹和紫花子蕹。

(1)白花子蕹　花白色，茎秆绿白色，叶长卵形，基部叶为心脏形。适应性强，质地脆嫩，产量高，栽培面积广，全国各地均有栽培。如杭州的白花子蕹，广州的大骨青、剑叶等品种，浙江的温州空心菜、龙游空心菜等。

(2)紫花子蕹　花紫色，茎秆、叶背、叶脉、叶柄、花萼等带紫色，栽培面积小。

北方多栽培以种子繁殖的子蕹。常用品种有泰国空心菜、白梗、吉安蕹菜、青梗子蕹菜等。

2.藤蕹

用茎蔓繁殖，即扦插繁殖。一般开花少，更难结籽。质地柔嫩，品质较佳，生长期越长，产量越高，旱生或水生，优良品种有广东细叶通菜、丝蕹，湖南藤蕹，四川大蕹菜等。

生产计划

蕹菜露地栽培从春到夏均可进行，北方地区4—7月均可播种。若结合设施生产可达到周年供应。

蕹菜露地栽培方案

(一)整地播种

北方一般采取直播方式。播前深翻土壤，每667 m^2 施腐熟有机肥3 000 kg，草木灰50～100 kg，与土壤混匀后耙平整细。播种前先用55 ℃水进行温汤浸种，然后用清水浸种20 h，捞起洗净后放在25 ℃左右的温度下催芽，催芽期间要保持湿润，每天用清水冲洗种子1次。待种子露白后即可播种。每667 m^2 用种量6～10 kg。播种一般采用条播密植，行距33 cm，播种后覆土。也可以采用撒播或穴播。

(二)田间管理

蕹菜对肥水需求量很大，除施足基肥外，当秧苗长到5～7 cm时还要随水追肥(图5-9)，每

667 m^2 追施尿素 10 kg，促进发苗。以后要经常浇水保持土壤湿润。每次采摘后都要追肥 1～2 次，可选用沤制的饼肥、鸡粪或沼液等有机氮肥，以免增加菜体的硝酸盐含量。生长期间要及时中耕除草。管理原则是多施肥、勤采摘。

如果是一次性采收，可于株高 20～35 cm 时一次性收获上市(图 5-10)；当株高 18～21 cm 时，结合定苗间拔上市，留下的苗子可多次采收上市。当秧苗长到 33 cm 时，第 1 次采摘，茎部留 2 个节，第 2 次采摘将茎部留下的第 2 节采下，第 3 次采摘将茎基部留下的第 1 节采下，促使茎基部重新萌芽。这样，以后采摘的茎蔓可保持粗壮。采摘时，用手掐摘比较合适，避免用铁制刀具。

图 5-9　蕹菜幼苗出土

图 5-10　空心菜的适宜采收期

蕹菜食谱

蕹菜荸荠汤　蕹菜洗净，切碎；荸荠洗净，去皮切块；汤锅放水，加入蕹菜、荸荠，先用大火，煮沸后改用小火，煎煮 30 min，加入冰糖即成。

辣炒蕹菜　蕹菜去叶留秆，洗净切段；红辣椒洗净，切细丝；炒锅加油烧热，倒入辣椒丝、蕹菜秆，快速翻炒，将熟时下食盐、大蒜、味精，炒匀起锅。

香菇蕹菜　蕹菜洗净，切段，香菇洗净；炒锅倒入油烧热，下蕹菜翻炒，加香菇，调味，加少量高汤，烧 5 min 后，勾芡即成。

蕹菜鸡蛋汤　将蕹菜去杂洗净切段；鸡蛋打入碗内搅匀；油锅烧热，下葱花煸香，放入蕹菜炒至变色，放适量清水烧沸，勾芡后徐徐倒入鸡蛋，调味出锅。

项目四 紫背天葵

信息采集

(一)紫背天葵的栽培概况及应用价值

紫背天葵,别称血皮菜、观音菜、两色三七草等,为菊科三七草属多年生草本植物。原产于我国南部,在四川、广东、广西、福建、云南、浙江等地均有分布。紫背天葵以其嫩茎叶供食,营养极为丰富。每 100 g 可食部分中含蛋白质 1.98 g,碳水化合物 2.49 g,纤维素 0.88 g,脂肪 0.46 g,维生素 C 23.9 mg,铁、钼、锰、锌等对人体有益的微量元素含量也较高。特别需要指出的是紫背天葵中含有黄酮苷成分,可提高动物抗寄生虫和抗病毒病的能力,并对恶性生长细胞具有中度抗效。长期食用可治疗咳血、血崩、血气亏、痛经、盆腔炎、支气管炎、阿米巴痢疾及缺铁性贫血等病。紫背天葵可凉拌、炒食、做汤、涮火锅,柔嫩滑爽,风味独特,是一种值得推广的保健蔬菜。

(二)紫背天葵的生物学特性

1.形态特征

紫背天葵根系发达,侧根多,再生能力强。茎叶肉质,生长旺盛,分枝能力强。株高 50~60 cm,茎绿色,节部紫红色,节间易生不定根。叶互生,在茎上呈五片叶序排列。叶为广披针形,长 6~10 cm,叶缘有锯齿。叶面深绿色,叶背紫红色,具蜡质,有光泽。深秋开花,头状花序,花金黄色,均为筒状两性花,有腥臭味(图 5-11)。在北方栽培可于冬季在温室内开花,但花后不结籽。

图 5-11 紫背天葵的花

2.对环境条件的要求

紫背天葵喜温耐热，生长适宜温度为20～25 ℃，在夏季高温条件下生长良好，但不耐低温，只能忍受3～5 ℃的低温，遇霜则冻死。紫背天葵喜光，但也较耐阴。紫背天葵适应性强，耐旱耐瘠薄，对土壤要求不严。各类土壤均可种植，但以肥沃的沙壤土上种植能获高产。房前屋后，田边沟旁均能生长良好。

(三)紫背天葵的类型与品种

紫背天葵有红叶种和紫茎绿叶种(又称绿背天葵)2种类型(图5-12)。

1

2

1.红叶种　2.绿叶种

图5-12　紫背天葵和绿背天葵

1.红叶种

叶背和茎均为紫红色，新芽、叶片也为紫红色，随着茎的成熟，逐渐变为绿色，较耐低温。

2.紫茎绿叶种

茎基淡紫色，节短，分枝性能差，叶小椭圆形，先端渐尖，叶色浓绿，有短绒毛，黏液较少，质地差，但耐热耐湿性强。

生产计划

紫背天葵喜温不耐寒，需在无霜期内栽培。北方地区利用温室大棚可随时扦插，随时定植。

紫背天葵露地栽培方案

(一)扦插繁殖

紫背天葵节部易生不定根，扦插极易成活，故生产中多采用扦插繁殖。可于春秋两季进行扦插育苗。选择健壮无病的植株，剪取6～8 cm长的嫩枝条，过长的枝条也可再分为2～3段，每段带3～5节叶片，把每段基部的1～2片叶摘去，即可插入事先准备好的苗床或营养钵中，营养土可用细沙土和田土按1∶1比例配制，不宜施肥。株行距8 cm×8 cm，略斜插，插条入土约2/3。插好后喷水浇透，上面用旧薄膜或无纺布覆盖，遮阳保湿。苗期温度控制在20～25 ℃，保持床土湿润，通常2周左右即可成活。

(二)整地定植

选择土层深厚、肥沃疏松的沙壤土，结合精细整地每 667 m² 施入优质农家肥 3 000 kg。做成 1.2 米宽的平畦，东北地区可于 5 月中下旬定植于露地。畦上按株行距 30 cm×30 cm 开穴，将已成活的扦插苗栽入穴内，每穴 1 株，浇足定植水，待水渗下后封埯。

紫背天葵扦插繁殖

(三)田间管理

缓苗后及时中耕除草，可促进根系发育。生长期间保持畦面湿润，不可过干过湿。紫背天葵生长势强，采收期长，在施足底肥的基础上，采收期间还应少量多次追肥。通常每次采收后，每 667 m² 结合灌水追施尿素 10 kg。紫背天葵在东北地区栽培病虫害较少，只需注意防治蚜虫，以减少病毒病的传播。早期发现病株要及时拔除，采收时更应注意，防止接触传播。采收前 1 周停止用药。

紫背天葵定植 20 d 后即可采收，采收标准为嫩梢长 10～15 cm。第 1 次采收时基部应留 2～3 节叶片，使其叶腋处继续萌发出新的嫩梢，下次采收留基部 1～2 节叶片。在适宜环境条件下每 10～15 d 可采收 1 次，采收次数越多，植株的分枝越旺盛，如不及时采收，反而不利于其生长。

紫背天葵食谱

蒜蓉紫背天葵　紫背天葵洗净，切成细段，油锅烧热，加入蒜茸，再加入紫背天葵快火炒 2 min，调味即可。

紫背天葵煮豆腐　紫背天葵洗净切成小段，豆腐入油锅煎至两面金黄，加水煮沸 2 min，加入紫背天葵，调味，煮熟即可。

紫背天葵粥　紫背天葵洗净切碎；将粳米淘洗干净，放入锅内，熬至粥状黏稠；放入紫背天葵、盐、少许油，再煮片刻即成。

紫背天葵煎蛋　紫背天葵洗净，切成碎末，将鸡蛋放入碗中打散，放入紫背天葵碎末、盐、葱末调匀，油锅烧热，加入鸡蛋液，煎熟即可。

项目五 球茎茴香

信息采集

(一)球茎茴香的栽培概况及应用价值

球茎茴香，别称意大利茴香、结球茴香，因其叶鞘基部肥大抱合成球形而得名。原产于意大利南部，为伞形科茴香属茴香种的一个变种。以膨大肥厚的叶鞘部和嫩叶为食，具有比小茴香略淡的清香，富含类胡萝卜素、维生素 C、钙以及人体所需的氨基酸，营养价值很高。并含有黄酮苷、茴香苷等，性味甘温，可入药，有温肝胃、暖胃气、散寒结等作用，是一种很好的保健蔬菜。其食法多样，可用于炒食、做馅，或做沙拉、汤料，风味独特。球茎茴香喜冷凉气候，栽培容易，是一种很适合秋冬季及冬春季设施生产的蔬菜新品种。

(二)球茎茴香的生物学特性

1.形态特征

植株高大，株高 70～100 cm。根系不发达，须根、侧根较少，主要分布在 20 cm 土层中。茎短缩，不易辨认。羽状复叶，小叶丝状，叶柄长。有 8～10 片大叶时，叶柄基部的叶鞘变宽增厚呈肉质，并紧密相互抱合于短缩茎上，形成扁圆形或近圆形球茎，为主要食用部分。花茎高 1.0～1.5 m，大型伞形花序，开小黄花，有香气，异花传粉(图 5-13)。双悬果长扁椭圆形，成熟后分成 2 粒种子，具浓香，无休眠期，落地后即发芽生长。千粒重 4～5 g。

图 5-13　球茎茴香的伞形花序

2.对环境条件的要求

球茎茴香喜凉爽气候，但适应性广泛，耐寒、耐热力均强。种子发芽适宜温度为 15～25 ℃，生长适宜温度 15～20 ℃，超过 28 ℃生长不良。苗期能耐−4 ℃低温和 35 ℃高温。幼苗在 4 ℃左右低温下通过春化。抽薹开花需较高的温度及长日照。营养生长阶段喜光怕阴，充足的阳光有利于植株的生长和养分的积累，促进球茎膨大。球茎茴香在整个生长发育过程中对水分要求严格，要求土壤湿度为田间最大持水量的 80%，空气相对湿度 60%～70%。对土壤要求不严格，pH 5.4～7.0 的范围内均能正常生长。栽培上为保证产品的品质和产量，宜选择保肥、保水力强的肥沃壤土种植。肥料以对氮、钾需求量略多。

(三)球茎茴香的类型和品种

目前从国外引进的品种较多。据球茎形状分为两类。

1.扁球型

外层叶鞘较直立,左右两侧短缩茎明显膨大,球茎扁球形,淡绿色,单球质量250～500 g。早熟,适宜密植。如荷兰11号,从播种到收获约需75 d。

2.圆球型

叶鞘基部除向左右两侧膨大外,前后也明显膨大,外层叶鞘常常紧贴地面。球茎比扁球形更紧实,颜色略淡,单球质量500～1 000 g,密度不宜过大。如球玉1号。

生产计划

球茎茴香在江南以露地秋播为主,9月播种育苗。长江中下游地区在7月中下旬露地或遮阳网覆盖下育苗,8月下旬至9月上旬定植,11—12月收获。华北地区春播和秋播,露地春播采用耐热的早熟品种,在设施内育苗,终霜后定植,7—8月收获;露地秋播采用中早熟品种,于6—7月育苗,10—11月上旬收获;日光温室秋冬茬栽培,华北地区于8月中下旬、东北地区于8月中旬播种,9月中下旬定植,11月以后采收。

球茎茴香日光温室秋冬茬栽培方案

(一)播种育苗

球茎茴香种子为双悬果,播前先将种子暴晒半天,然后用手轻搓,使种子分开。再用20 ℃凉水浸种24 h,搓洗干净并将种子摊开,沥干水分,用湿纱布包好,置于20～25 ℃条件下催芽。6 d后出齐芽播种,或浸种后直接播种。

采用平盘播种或288孔穴盘播种,将种子与湿沙拌匀后撒播,覆盖厚度不超过0.5 cm。畦面用遮阳网覆盖降温保墒。7～10 d出苗,齐苗后浇1次小水,撤去遮阳网。以后小水勤浇,1～2片真叶时分苗至128孔穴盘中,分苗后需用遮阳网覆盖。缓苗后去掉遮阳网浇1次水,以后水分管理见干见湿。日历苗龄30～40 d,幼苗具3～4片叶时可定植。

(二)定植

结合翻地每667 m^2施入充分腐熟的优质粪肥2 000 kg,深翻耙平后按1 m行距开施肥沟,沟施尿素15 kg,钾肥10 kg,做成底宽70 cm,高10 cm,沟宽30 cm南北向小高畦。定植前1 d浇起苗水,起苗时多带宿土,定植时浇足底水,覆土勿埋苗心。每畦栽2行,株距30～35 cm。

(三)田间管理

定植后应保持土壤湿润,新叶长出后中耕除草。植株7～8片叶时结合浇水,每667 m^2追施复合肥15 kg,球茎开始膨大前要适当控水。球茎开始膨大时结合浇水每667 m^2施入充分腐熟的有机肥1 000 kg,尿素10 kg,复合肥5～7 kg,以后经常保持地面湿润,防止忽干忽湿造成球茎外层裂开。球茎膨大后期应适当控水。

当地初霜前扣棚膜,初期要加强通风,白天温度保持18～22 ℃,不超过25 ℃,夜间不低于10 ℃。

图 5-14　球茎茴香

当室内夜间气温低于 10 ℃时要关闭通风口，气温低于 5 ℃时应加盖草苫防寒。结合中耕，去掉叶腋处萌发的侧芽。当球茎充分膨大后要加强通风，降低室内温湿度，控制生长。

当球茎长至 250 g 以上，外观老化成黄白色时采收为宜（图 5-14）。摘去老叶，切净根盘，球茎连同嫩叶一并装箱上市。采收晚了易裂球。为保证品质良好、纤维少，采收的球茎直径不宜超过 13 cm，质量在 0.8 kg 以下。

项目六　叶用甘薯

信息采集

(一)叶用甘薯的栽培概况及应用价值

叶用甘薯又称长寿菜，为旋花科牵牛花属草本蔓生植物，是在普通甘薯的基础上选育出来的一种新型绿叶蔬菜，因其嫩茎尖和嫩叶可炒食、凉拌、做馅或做汤，清香嫩滑，味道可口。据测定，叶用甘薯叶片、茎尖所含蛋白质、纤维素、碳水化合物、矿质元素、维生素等营养物质含量，在常见蔬菜中居首位。其纤维柔细，可促进胃肠蠕动，防止消化系统疾病的发生。同时甘薯茎尖中含有丰富的黏液蛋白，能保持消化道、呼吸道、关节腔、膜腔的润滑和血管的弹性，减轻人体器官的老化，提高机体的免疫力，所以甘薯茎叶被称为“抗癌蔬菜”。

由于叶用甘薯对风害、水灾的抗性强，容易恢复再生，病虫害发生较少，农药污染少，且能满足夏季蔬菜淡季的需求，市场潜力大，在台湾已经被作为“最放心的健康蔬菜”进行推广，同时在广东、广西、福建和浙江等地也发展较快。

(二)叶用甘薯的生物学特性

1.形态特征

具较大型的地下肉质块根，块根白色、红色、黄色，少有紫色。茎蔓生，茎节着土后易生不定根。叶片心脏形至掌状深裂，叶色有绿色、紫红色、黄色等品种。在短日照条件下开花结实，花冠漏斗形，有红紫色或白色。果实蒴果，种子 4 粒，卵圆形，无毛。

2.对环境条件的要求

叶用甘薯喜温暖气候，耐热不耐寒。生长期要求充足的光照。耐旱，但要获得高产也需要有充足的水分供应。叶用甘薯不择土壤，土壤肥沃便可。以收获块根为主时，适于种植在肥沃而排水良好的砂质壤土。营养生长期内以氮肥为主，块根生长期磷钾肥需求量增高。

(三)叶用甘薯的类型和品种

叶用甘薯是一种新型蔬菜，目前生产中常用优良品种主要有台农 71 号、福薯 10 号、京薯 4 号、鲁薯 7 号、福薯 7-6 等。

生产计划

叶用甘薯露地栽培，无霜期内均可种植，但是在气温 15 ℃以下时生长极缓慢，以气温在 25～35 ℃生长最好，故适宜夏栽。利用保护地设施可于春(2—3 月)秋(8—9 月)两茬定植，全年陆续采收供应。

叶用甘薯露地栽培方案

(一)种苗繁育

1.苗床准备

早春在日光温室或塑料大棚中做苗床，要求土壤 3 年以上未种过葱、蒜、姜、黄麻、芋、木薯等作物。先施入 5 cm 厚充分腐熟的有机肥做底肥，精耕细耙，并用腐熟的稀薄有机液肥浇透苗床，再盖土 3 cm，做高 20 cm、宽 120 cm 的高畦。

小创意——水培红薯叶

2.适时播种

叶用甘薯通常用块根育苗后再扦插繁殖。

(1)种薯繁殖 将切好的种薯块用 50%甲基托布津 500 倍液或 25%多菌灵 1 000 倍液浸种处理 10 min。捞出后稍晾干，在育苗畦上开沟摆种薯，要注意薯蒂向上，斜排成 45°，薯蒂应在一个水平面上，埋土深度以薯蒂微露土面为宜。薯块株行距 20 cm×30 cm，用肥沃细土覆盖薯块，最后采用地膜和小拱棚双层覆盖。一般播种后 15 d 左右开始出苗，苗高 1 cm 时将地膜打孔，护苗出膜，并用细土压好洞边膜。出苗前苗床温度保持在 25～30 ℃，出苗后揭去地膜，床内温度以 25 ℃左右为宜，超过 30 ℃时放风，防止烧苗。苗床保持湿润，如床土发白要及时喷水保湿。苗高 10～15 cm时追 1 次液体有机肥，并配施 200～250 kg 草木灰。苗高 20～25 cm 时可剪苗。剪苗前 4～5 d，选晴暖天气通风炼苗，每次剪苗后第 2 d 追肥，每 667 m^2 施 200～250 kg 腐熟农家有机肥，以保证薯苗茎粗节短而匀。苗高 20～23 cm，叶色浓绿，百株苗质量 1.0～1.5 kg 时为壮苗(扦插苗)标准。

(2)扦插扩繁 从健壮无病的植株上剪取长约 15 cm、带 2～3 片叶的茎，基部剪成马蹄状，在黄腐酸溶液中浸泡 10～20 min，或在生根粉中蘸一下，有利于生根和抑制病菌，然后斜向扦插在土质为沙壤土的苗床中，也可插在营养钵或 72 孔穴盘中，以草炭和河沙(体积比 2∶1)为基质，插入深度为 2/3，上面搭拱棚覆农膜保温、保湿，保持气温 20～28 ℃，地温 16～23 ℃，空气相对湿度 70%～80%，生根后即可定植。

(二)整地定植

选择土壤肥力中等以上的地块，每 667 m^2 施腐熟厩肥 2 500 kg、三元复合肥 20 kg 作基肥。肥土混合均匀后平整土壤，做宽 1.2 m 的高畦，沟深 35 cm，以防田间积水。春季当地温稳定在 14 ℃以上即可定植。按株距 18～20 cm，行距 30 cm 栽苗，每 667 m^2 栽 10 000～12 000株。采用斜深插(深度以苗的 3/5 为宜)的方法，既有利于幼苗成活又利于抗旱，保证全苗。全畦插完后浇水。

(三)田间管理

缓苗后除草松土，以提高地温和促进根系发育。蹲苗 15 d 后，每 667 m^2 随水追施尿素 10～15 kg 作发棵肥。当植株高 25 cm 左右，具 6～8 片叶时，摘除幼苗生长点以促进分枝。此后植株进入旺盛生长期，要注意及时采摘，每次采摘后需浇腐熟有机液肥 1 次，以利发棵增枝。畦面保持见干见湿，沟内不可积水。生长中期要及时剪去基部老化枝条和老叶、黄叶，减少养分消耗。

一般在定植后 40～50 d，株高 40 cm 左右时即可采收(图 5-15)。嫩叶要带叶柄，用剪刀剪下，尽量不用手掐，以防感染病害。采收后 3 d 内可自然保鲜，食味不变。一般 7 d 左右采摘 1 次，采收期可达 6 个月。

图 5-15 叶用甘薯植株

(四)种薯的保藏

叶用甘薯系块根繁殖作物，多次采收后，地上部茎叶生长较快，地下部生长消耗相应增加，易导致笔管状(条状)薯发生。因此，留种薯的地上部分不可采摘，以防止笔管状薯产生，影响留种。应在霜前选晴朗天气采收种薯，采挖时要轻挖、轻拿、轻运和轻放，尽量减少薯块损伤，以提高种薯的贮藏效果。种薯应选择大小匀称的薯块(以 200～250 g 为宜)，并经严格检查，剔除破伤薯、病虫薯、裂薯、受冻薯等。一般采用窖藏的方法贮藏种薯，保温防冻，比较安全。

拓展阅读

苦苣 又称苦菊、花叶生菜，是菊科菊苣属1～2年生草本植物，起源于欧洲南部和印度，以嫩叶为食，味微苦，适合生食，是西餐中不可或缺的沙拉蔬菜。苦苣叶散生，根据叶形不同可分为板叶苦苣、裂叶苦苣和碎叶苦苣。我国栽培多为裂叶苦苣和碎叶苦苣，其中有心叶黄化的品种称黄心苦苣（图5-16）。苦苣的嫩叶中含有苦苣素，具有帮助消化、增进食欲、清热解毒的功效，长期食用有辅助治疗糖尿病的作用。苦苣以生食为主，洗净后，直接加入调味料凉拌即可，也可直接蘸辣椒酱食用，口感爽脆。

1.花叶苦苣　2.板叶苦苣　3.碎叶苦苣　4.黄心苦苣

图5-16　苦苣的不同类型

菊苣 又称为法国苣荬菜、比利时苣荬菜，是菊科菊苣属中的1～2年生草本植物，以嫩叶、叶球、芽球为食用部分，原产于地中海、亚洲中部和北部。菊苣有散叶类型和结球类型（图5-17），散叶品种先进行露地根株培育后再进行培土软化栽培，形成脆嫩的菊苣芽球作为产品器官。结球类型则直接栽培形成叶球。

菊苣中含有一些一般蔬菜中没有的成分，如马栗树皮素、马栗树皮苷、野莴苣苷、山莴苣素和山莴苣苦素等苦味物质，有清肝利胆的功效。各国的美食家们都很看重菊苣，把它视为蔬菜中的上品。其嫩叶和芽球适合生吃，或做成鲜美开胃的凉拌菜。

1.红菊苣植株　2.红菊苣叶球

图 5-17　结球红菊苣

费菜　又称土三七、四季还阳、景天三七。是景天科景天属多年生草本植物，较耐旱、耐寒，在北方也能露地安全越冬，第二年开春时萌芽生长(图 5-18)。费菜以嫩叶供食，拌、炒、炖、煮皆可，无论以哪种方法烹制，费菜总能保持清香爽脆，味道鲜美的特点，是一种很有发展前景的保健蔬菜。费菜全草皆可入药，含有生物碱、谷甾醇、黄酮类、齐墩果酸、景庆庚糖等药用成分，对心脏病、肝病、高血压均有食疗作用。适合庭院种植和阳台栽培，管理容易，方便随时采收食用。

图 5-18　费菜植株

叶用甜菜 别称莙荙菜、牛皮菜，为藜科甜菜属以嫩叶作为蔬菜食用的 2 年生草本植物。原产于欧洲南部，公元 5 世纪从阿拉伯传入我国。目前，我国农家以青梗种栽培较普遍。近些年来，育种工作者育出了一些彩色品种，具有食用、观赏兼用的特性。叶用甜菜富含胡萝卜素及钙素，主要食用叶片及叶柄，可以炒食也可以凉拌，是一种大众化的蔬菜（图 5-19）。在我国有着较好的开发利用前景。

图 5-19 色彩斑斓的叶甜菜

苋菜 别称米苋，为苋科苋属中以嫩叶为食的 1 年生草本植物。原产于我国，目前只有我国及印度作为蔬菜栽培。以嫩茎叶供食，富含钙、磷、胡萝卜素和维生素 C，可炒食、做馅、做汤，口感软糯。红苋和彩苋也可作观赏栽培（图 5-20）。

1　　2　　3

1.绿苋　2.红苋　3.彩苋

图 5-20　苋菜植株

中国传统五菜

冬寒菜　别称冬葵、滑肠菜，锦葵科锦葵属1～2年生草本植物。原产于我国、日本、朝鲜等地，我国南方栽培较多。冬寒菜以幼苗或嫩茎叶供食（图5-21），富含胡萝卜素、钙、磷、铁及维生素C。可炒食、做汤、煮粥，口感滑利，可增进食欲，提高人体免疫力，特别适宜孕妇和儿童食用。冬寒菜食用期由幼苗开始直至开花初期，供应期较长。根据茎节和主脉的颜色，可分为紫梗冬寒菜和白梗冬寒菜。

图 5-21 冬寒菜幼株

番杏 又称新西兰菠菜、洋菠菜等，原产于大洋洲，为番杏科番杏属1年生或多年生草本植物(图5-22)。其嫩梢嫩叶柔嫩多汁，富含蛋白质、钙、维生素、胡萝卜素等，有清热解毒，利尿消肿等功效。番杏生长茂盛，易栽培，病虫害较少，是一种发展前景非常好的绿色蔬菜。

图5-22 番杏植株

香芹 又称法国香菜，伞形花科欧芹属1～2年生草本植物，原产地中海沿岸，欧洲栽培面积较大，我国栽培的多为皱叶香芹(图5-23)。香芹富含胡萝卜素及微量元素硒、维生素A和维生素C，同时鲜根、茎汁可供药用，所以是药菜兼用型蔬菜。香芹主要作为西餐中不可缺少的香辛调味菜或作装饰用蔬菜应用，因其株型漂亮，适应性强，也可作观赏栽培。

图5-23 皱叶香芹

冰菜 又称冰草，番杏科日中花属植物，在非洲、亚洲西部和欧洲都有分布(图 5-24)。它的特点是在叶面和茎上着生有大量大型泡状细胞，里面填充有液体，在太阳照射下反射光线，就像茎叶上挂满了"冰珠子"，用手摸上去硬硬的，凉凉的，所以得名"冰菜"。在欧洲一些地方作为蔬菜食用，近几年传入我国。冰菜多凉拌食用，口感冰爽，略有咸味。因本身含有盐分，所以烹制时不用放盐。

1 2

1.幼苗 2.茎叶上挂满"冰珠"

图 5-24 冰菜

露草 又称露子花、牡丹吊兰，番杏科露草属多年生草本植物(图 5-25)。原产于南非，作为观赏植物引入我国，近几年多作蔬菜食用，被称为"穿心莲"，但并不是我国传统药用植物穿心莲。植株匍匐或悬垂生长，茎叶肉质，花紫红色，夏、秋季节开放，是花、叶俱佳的盆栽花卉。露草的嫩茎、叶富含矿物质和维生素，适合生食，洗净后直接与木耳、核桃仁、海螺肉凉拌，清脆爽口，深受消费者欢迎。

1 2

1.作蔬菜栽培的露草 2.作花卉栽培的露草

图 5-25 露草

绿叶菜特菜知多少?

单元小结

绿叶菜类特菜品种繁多,营养丰富,有的品种兼具观赏价值,一般都生长迅速,可排开播种,满足市场的周年供应。绿叶菜类特菜对肥水要求较高,尤其喜欢氮肥,为防止产品器官内亚硝酸盐含量超标,应严格控制肥料的施用时期和用量。绿叶菜类特菜以食用嫩茎叶为产品器官,采收方式多样,可根据市场需要灵活上市,产品器官易萎蔫,不利于长途运输,一般以就近销售为主。绿叶菜类特菜栽培管理相对简单,可随时采收,是庭院种植和阳台蔬菜的首选。

单元自测题

1.莴苣有哪几种类型?
2.莴苣怎样进行采收?
3.落葵怎样进行植株调整?
4.举例说明蕹菜的类型和品种有哪些?
5.紫背天葵如何进行扦插繁殖?
6.紫背天葵定植后如何进行田间管理才能获得高产?
7.叶用甘薯怎样进行繁殖?

单元六 芳香蔬菜

知识点 芳香蔬菜的种类和应用价值；几种芳香蔬菜的生物学特性和品种类型；芳香蔬菜栽培技术。

技能点 薄荷的繁殖；紫苏种子处理；紫苏采收；罗勒种子繁殖；迷迭香的扦插和压条。

职业素养 自主学习，触类旁通；躬身实践，知行合一；创新思维，合作意识。

一般把能够产生芳香气味、可以食用并具有一定药用价值的植物称为芳香蔬菜。芳香蔬菜可作为调料、填味剂或者制作精美菜肴，通过内服或外用，使人体的生理机能和心理平衡得以恢复。我国的芳香蔬菜资源丰富，随着人们生活水平和饮食要求的不断提高，芳香蔬菜因其特有的药用养生价值，而得到大面积的推广和开发利用。近年来，盆栽香草、天然香型化妆品及芳香餐饮等已成为消费新宠，国外引进的迷迭香、罗勒、牛至等芳香蔬菜也渐渐为人们所熟悉，芳香蔬菜有着极为广阔的开发利用前景。

项目一 薄 荷

信息采集

(一)薄荷的栽培概况及应用价值

薄荷为唇形科多年生草本植物，种类繁多。其幼嫩茎尖可食用，是一种菜药兼用的保健蔬菜，亦可作茶饮。其全草入药，具有疏风散热、理气解郁等作用。薄荷全株可提取薄荷油，产自我国的薄荷油具有独特的保健作用，一直是国际市场上深受欢迎的芳香油类。部分品种由于其叶形漂亮，气味清香，广泛应用于盆栽和水培（图 6-1）。

（二）薄荷的生物学特性

1.形态特征

薄荷根系发达，为须根系，根系入土深度可达 30 cm 以上，主要根群集中在 15～20 cm 的土层中。茎分为地上茎和地下根茎。地上茎可分为两种，一种叫直立茎，其上有节和节间，节上着生叶片，叶腋内能形成分枝；另一种叫匍匐茎，由地上部直立茎基部节上的芽萌发后横向生长而成，其上也有节和节间，每个节上都有两个对生的芽鳞片和潜伏芽，匍匐于地面生长。地上部直立茎的基部节上和节间易产生气生根。地下根茎上也有节和节间，节上长出须根，每 1 个节上有 2 个对生的芽鳞片和潜伏芽，在环境条件适宜时可以产生新的植株。叶对生，卵圆、椭圆形，叶片上有油腺。穗状花序或轮伞花序，花冠淡红色、淡紫色或乳白色（图 6-2）。花期 8—10 月，果期 9—11 月。果实为小坚果，淡褐色，种子千粒重 0.1 g 左右。

图 6-1　水培薄荷

2.对环境条件的要求

薄荷喜温、耐寒，尤其是根系有较强的耐寒能力，在我国北方部分地区可以露地越冬。当地温稳定在 5 ℃左右时根茎可萌发，植株生长的适宜温度为 20～30 ℃，当温度超过 30 ℃会导致生长缓慢。薄荷喜湿不耐涝，较耐阴。对土壤要求虽不严格，但以肥沃的壤土为好。生长适宜 pH 5.5～6.5，整个生长发育期需要的养分以氮肥为主，钾肥次之。

1　　　　2

1.穗状花序　2.轮伞花序

图 6-2　薄荷的花序

（三）薄荷的类型和品种

薄荷有短花梗和长花梗 2 种类型，每个类型中有较多品种（图 6-3）。国外以栽培长花梗品种较多，此类型花梗较长，着生在植株顶端，穗状花序，含薄荷油很少。我国以短花梗的品种较多，花梗极短，轮伞花序。薄荷根据茎叶形状、颜色又分为青茎圆叶、紫茎紫脉、灰叶红边、紫茎白脉、青茎大叶尖齿、青茎尖叶及青茎小叶等品种。

1.土薄荷　2.留兰香　3.柠檬薄荷

图 6-3　薄荷常见品种

生产计划

薄荷为多年生蔬菜，一经栽培可以采收多年。露地直播一般在春季和秋季进行，北方地区一般采取设施育苗、露地定植方式。在生产上多采取无性繁殖方式。在北方冬季，露地薄荷不能正常生长、可结合温室进行栽培，以保证薄荷周年供应。由于薄荷抗逆性强，适合冬季温室内低温弱光的环境条件，可利用温室前底角、东西山墙，甚至温室后墙体进行生产，可提高经济效益。一般在 10 月露地薄荷不能正常生长时，移栽至温室内进行生产。

薄荷露地栽培方案

(一)育苗

1.种子繁殖

适宜播期在春季 4 月或秋季 9 月。采取撒播的方式把种子播在育苗床内，播种后温度控制在 25～28 ℃，出苗后温度降低到 20～22 ℃，并保持土壤湿润。当幼苗具 3～4 片真叶时即可定植。

2.无性繁殖

(1)根茎繁殖 挖取粗壮的根状茎，要求根茎白色且无病虫害，剪成长 8～10 cm 的根段，每段上至少带 3～5 个芽，埋入土中，给予适宜的环境条件，大约经 20 d 就能形成新株。

(2)扦插繁殖 将地上茎切成约 10 cm 的小段，保证每段有 1～2 个茎节，把剪好的小段放在清水中浸泡 24 h，然后扦插于基质或土中，并给予适当遮阳，大约 2 周后植株萌发新根后即可定植。

(3)分株繁殖 多在春季进行，把匍匐茎在老根处切断，在每节中间剪开，埋到土壤中，保持土壤湿润，并给予适宜的温度条件，每 1 节可形成 1 个新的植株。

图 6-4 薄荷露地栽培

(二)整地定植

定植前精细整地，每 667 m^2 施入充分腐熟的有机肥2 000～3 000 kg，耙平整细，做低畦，畦面宽 1.6 m，长度 6～8 cm。在栽培畦上按行距 50 cm 开沟，沟深 10 cm 左右，要求沟底平且直。把幼苗按株距 35 cm 定植，根系上培少量土稳坨，浇水，覆土。薄荷分枝能力很强，每穴定植 1 株即可，并保证适宜的株行距，避免植株生长后期生长过密，不利于通风透光(图 6-4)。

(三)田间管理

定植时要浇足定植水，促进新根萌发。薄荷生长喜欢湿润的环境条件，在栽培过程中要保持土壤湿润。植株缓苗后及时进行中耕除草，保证土壤疏松透气，促进根系发育。当植株长到 20 cm 高时要适时摘心，促进侧枝生长，要处理多次，使植株多萌发侧枝，有利于产量形成。每次采摘后要及时追肥，以氮肥为主，一般每 667 m^2 追施尿素 20 kg。

图 6-5 薄荷产品

薄荷可采收多年。一般在主茎高 20 cm 左右时，即可开始采收嫩茎叶供食(图 6-5)，每次采收间隔 15～20 d。植株开花后会导致叶片变硬，失去食用价值，所以发现植株现蕾要及时掐掉，并给予充足的肥水供应，促进植株进行营养生长，以利于产量形成。

露地栽培薄荷，早春或晚秋可在栽培畦上设置小拱棚等简易设施进行生产，可保证产品器官提早或延迟上市，栽培技术简单，容易掌握，也是一种较好的栽培模式。

薄荷食谱

薄荷粥 鲜薄荷适量煮沸留汁，粳米煮粥，待粥将成时，加入薄荷汤及少许冰糖，煮沸即可。

薄荷豆腐 豆腐1块，鲜薄荷50 g，鲜葱2段，加2碗水煎，煎至水减半，趁热食用。

凉拌薄荷 将薄荷叶清洗干净，用开水烫一下，切碎，放少许盐、香油，拌匀。

薄荷糕 取糯米、绿豆各500 g，薄荷15 g，白糖25 g，桂花少许。先将绿豆煮至烂熟，再加入白糖、桂花和切碎的薄荷叶做成馅备用。把糯米焖熟，放入盒内晾凉，然后用糯米饭包豆沙馅，用木槌压扁即成。

薄荷菊花茶 薄荷6 g，菊花10 g，茶叶3 g。沸水浸泡，代茶饮。用于感冒风热，头目不清，头昏。

项目二 罗勒

信息采集

(一)罗勒的栽培概况及应用价值

罗勒又称九层塔，为唇形科罗勒属一年生草本植物，是欧洲、美洲各国传统的香辛类调味蔬菜，在我国主产于河北、华东、华中等地。罗勒植株含有特别芳香的气味，产品器官为嫩梢和嫩叶，经常食用有解毒健胃、强壮身体的保健功能，是一种珍稀的保健蔬菜。

(二)罗勒的生物学特性

1.形态特征

罗勒属深根性植物，其主根可入土深达0.5～1 m。茎直立，绿色，四棱形。叶对生，卵形或长卵形，叶片背面有腺点。花冠唇形，白色或略带紫红色(图6-6)。果实为小坚果，褐色或黑色。种子使用寿命3年，罗勒种子没有休眠期，刚采收的种子即可播种发芽。

2.对环境条件的要求

罗勒喜温，不耐寒，种子发芽适宜温度20～25 ℃，茎叶生长适宜温度20～30 ℃。喜湿润的气候条件，不耐干旱。对光照要求不严格，但光线过强影响产品器官品质。喜土层深厚、疏松肥沃的土壤，整个生长发育期需氮肥和钾肥较多。

(三)罗勒的类型和品种

罗勒的类型和品种很多，按茎叶颜色分，可分为青叶种和紫叶种(图6-7)。我国菜用栽培多为青茎青叶种，茎叶均为绿色，叶长椭圆形，发生侧枝能力强，花白色，茎叶香味较淡。

图 6-6　罗勒开花

1　　2

1.青叶种　2.紫叶种

图 6-7　罗勒植株

生产计划

露地栽培一般在春季 3 月中旬至 4 月初播种育苗，4 月下旬定植，5 月下旬以后陆续采收；也可 7 月育苗，8 月定植，9 月至下霜前采收。采用温室和露地栽培相结合的方式，可保证罗勒产品的周年供应。

罗勒露地栽培方案

(一)播种育苗

南方3—4月,北方4月下旬至5月可进行露地直播。条播按行距45 cm左右开浅沟,穴播按穴距30 cm开浅穴,种子与沙子混合均匀后再撒入沟里或穴里,覆土厚度不超过1 cm。播种后保持土壤湿润,直至出苗。

也可利用温室育苗,罗勒种子不适合温汤浸种,可直接播种到苗盘上,约5 d种子即可发芽。当幼苗处于2片真叶时,分苗于128孔穴盘中,苗高10~15 cm,具6~7片真叶时定植。

(二)整地定植

选排水良好、肥沃疏松的壤土地块,每667 m^2施用充分腐熟有机肥2 000~3 000 kg,整平耙细,做1.2 m宽的平畦或高畦。当外界温度稳定在10 ℃以上时即可露地定植,定植行距45 cm,株距30 cm。采取直播方式的在植株长至6片真叶时定苗,每穴留苗1株。间下的小苗也可上市销售。

(三)田间管理

定植缓苗后及时浇缓苗水。生长前期要注意及时浇水,保持土壤湿润,防止干旱影响植株生长。当植株长至20 cm高时摘心,促进侧枝生长,以后植株枝条达到10 cm左右就要摘心。每次采收后要及时追肥,每次每667 m^2施有机肥100 kg。罗勒植株在7月开始现蕾,要掐掉花序,因为植株开花后叶片变硬,不能食用。然后浇水施肥,促进营养生长,抑制植株进行生殖生长。

(四)采收

当植株长至20 cm高时可陆续采收嫩梢和嫩叶,一般在早上露水刚干时进行,用剪刀剪下,避光保存,及时上市。罗勒茎尖可在2~5 ℃条件下储藏1周左右。

项目三 紫　苏

信息采集

(一)紫苏的栽培概况及应用价值

紫苏又称赤苏、白苏,为唇形科一年生草本植物,原产于我国,现在东北、华东、华南、西南等地区均有野生分布。紫苏全株具有特异芳香,其幼苗、叶片、种子均可食用。在日本,紫苏叶是食用生鱼片的必备品,具有杀菌解毒的作用。紫苏营养丰富并具有较高的药用价值,其挥发油中含紫苏醛、紫苏醇、薄荷酮、薄荷醇、丁香油酚、白苏烯酮等,是一种开发前景十分广阔的蔬菜。

(二)紫苏的生物学特性

1.形态特征

紫苏属直根系植物,侧根发达,株高0.5~2 m,茎四棱,直立多分枝,绿色或紫色。叶对生，卵形或阔卵形，叶两面全绿或全紫，或叶面绿色，叶背紫色。轮伞花序，花冠白色、粉色至紫色。果实为小坚果，卵球形或球形，灰白色、灰褐色至深褐色，千粒重 0.8～1.8 g。

2.对环境条件的要求

紫苏喜温暖湿润的气候条件，种子适宜的发芽温度为 18～23 ℃，植株生长适宜温度为 22～30 ℃，开花期适宜温度 22～28 ℃。喜中等光照，光照充足叶色较深，高温强光易导致叶片纤维增加，食用品质下降。紫苏是典型的短日照植物，在短日照条件下开花结实。较耐湿、耐涝、不耐干旱，产品器官形成期过于干旱会导致品质变劣。对土壤的适应性较广，在排水良好的壤土条件下生长较好，适宜土壤 pH 6～7。

(三)紫苏的类型和品种

生产中常用栽培品种根据叶色可分为绿色、紫色和绿紫色 3 种类型(图 6-8)。

1.绿色　2.紫色　3.绿紫色

图 6-8　紫苏的不同品种类型

生产计划

长江流域及华北地区可于 3 月末至 4 月初露地播种，也可育苗移栽，6—9 月份可陆续采收。东北地区可于 3 月底至 4 月初利用设施育苗，5 月初定植于露地(图 6-9)，也可在 4 月底进行露地直播。紫苏在温室越冬栽培极易开花，故叶用紫苏不适宜温室越冬栽培。

紫苏露地栽培方案

1.整地播种

紫苏种子成熟后有一定的休眠期，如果利用新种子进行生产，必须进行播前处理才能打破休眠。将刚采收的新种子用 100 mL/L 赤霉素浸种，然后置于 3 ℃及光照条件下处理 5～10 d，后置于15～20 ℃有光环境下催芽，10 d 后种子即可发芽。

图 6-9　紫苏露地栽培

选择排水良好的沙壤土或壤土，每 667 m^2 施入充分腐熟的有机肥 2 000 kg，复合肥 10 kg，在栽培畦上按行距 40 cm 开小浅沟，浇水，水渗下后把种子均匀的撒到定植沟里，播种后覆土厚度 1 cm。

2.田间管理

当幼苗出土后，要求保持土壤湿润。当幼苗具 2 片真叶时按株距 20 cm 定苗。在整个生长期，保证水分肥料的充足供应。每次采收后每 667 m^2 追施尿素 15～20 kg。要注意及时整枝打杈。对于以采收叶片为产品器官的植株，在开始生长花序前，留 3 对叶进行摘心。

3.采收

采收嫩茎叶者，可随时采摘。出口紫苏的采收标准是叶片中间最宽处达到12 cm以上，无缺损、病斑（图 6-10）。一般当植株具 4～5 对叶时即能达到采摘标准。以收获种子为目的，应摘除部分茎尖和叶片，保证植株各枝条能均匀受光。在种子成熟期容易发生鸟害，严重者导致颗粒无收，要做好防鸟工作。当种子有一半成熟时把植株全株割下，放在通风透光处晾晒至种子脱粒。

图 6-10　苏叶产品

项目四　迷迭香

信息采集

（一）迷迭香的栽培概况及应用价值

迷迭香为唇形科多年生木本植物，原产于地中海沿岸。用途广泛，新鲜或干燥的叶片可用于烹饪、烘焙西点、提炼精油、冲泡成茶，也可作为做菜、腌肉、烤肉的香料。迷迭香拥有能令人头脑清醒的香味，具有活化脑细胞的功能，深受人们的喜爱，特别适合作居室和办公室盆栽或水培（图 6-11）。

1

2

1.盆栽造型　2.水培

图 6-11　迷迭香观赏栽培

（二）迷迭香的生物学特性

1.形态特征

株高 1～2 m，茎方形，叶狭长、对生，无柄，针状革质，全株具有浓郁香气。花轮生于叶腋，花色有白色、紫红色或蓝色，唇形（图 6-12）。花期 4—6 月，果实为小坚果，平滑，卵球形。种子细小，黄褐色，千粒重约 1 g。

2.对环境条件的要求

迷迭香性喜温暖气候，忌高温高湿环境，种子发芽适宜温度为 15～20 ℃，植株生长适宜温度为 9～30 ℃，在北方地区不能露地越冬。喜光照充足的环境条件，较耐旱，土壤水分过多影响生长。对土壤适应范围较广，适宜排水良好富含有机质的壤土或沙壤土，最适土壤 pH 6.5～7.0。

图 6-12　迷迭香开花

（三）迷迭香的类型和品种

迷迭香依植株的生长习性，可分为直立型及匍匐型两种类型。

生产计划

露地直播大约在5月中上旬进行，利用温室育苗栽培可提前到2—3月份，幼苗大约5月中旬定植。一般在冬春季扦插育苗，幼苗成活后可在5月定植于露地。若利用温室生产全年均可播种，不受限制。

迷迭香露地栽培方案

(一)育苗

1.种子繁殖

在春季或秋季播种，播种在穴盘中，当幼苗长到7～8 cm高时即可定植。迷迭香种子发芽时间较长，发芽率也较低。

2.扦插繁殖

当设施内最低温度不低于15 ℃时进行繁殖，挑选幼嫩的枝干，剪下6～8 cm，去掉生长点，摘除叶片，在水里浸泡2 h后，在下部沾少量生根粉后插到苗床中，扦插后用遮阳网遮阳，保持土壤湿润，约10 d后逐步增加光照。扦插后1个月左右可以生根(图6-13)。生产上多用此法繁殖。

图6-13　迷迭香扦插苗

3.压条繁殖

在生产上，如果用苗量不大，还可利用压条繁殖的方式。在植株上选择生长健壮，无病虫害的枝条，把枝条中部压到土壤中，生长点露出地面5 cm左右，进行正常的栽培管理，大约15 d植株新根形成，可剪断枝条定植。

小创意——迷迭香盆景

(二)整地定植

平整土地，每667 m^2 施用腐熟的有机肥3 000～4 000 kg，按大行距70 cm，小行距50 cm做高畦，每畦定植2行，最好选择阴天或下午的时候进行，株距50 cm，定植后浇透水。

(三)田间管理

待苗成活后，浇透缓苗水。定植后，每隔30 d每667 m^2 追施速效氮肥25 kg，过磷酸钙15 kg。在缓苗后开始生长时要剪去顶端生长点，等侧芽萌发后定期修剪，迷迭香再生能力不强，每次修剪不要超过枝条长度的一半。定期修剪可防止枝条过长造成植株倒伏。迷迭香在种植数年后会出现生长缓慢现象，可在10—11月或2—3月从根茎部修剪，进行更新复壮。

幼苗定植后发现缺苗、死苗后要及时补栽。迷迭香生长缓慢，在整个生长季节注意松土除草，防止发生草害。迷迭香耐旱不耐涝，在雨季来临前要做好排水防涝工作。

(四)采收

迷迭香一经种植，可连续采收多年。以利用枝叶为主，可用剪刀或直接以手折取，采收木质部以上的幼嫩枝条。迷迭香采收后要立刻使用，否则应迅速烘干，以免香气逸失。

迷迭香食谱

迷迭香饼干 将奶油软化，用打蛋器将奶油打发，细砂糖及蛋打散，把迷迭香叶片切碎，低筋面粉混合过筛，分2次加入混合制作面团。以模型扣出形状放入烤箱烤15 min即可。

迷迭香烤羊排 将羊排用红酒、盐、黑胡椒粉、迷迭香末，腌15 min使之入味，将羊排煎至金黄色取出在侧边划一刀，镶入迷迭香。入烤箱以180～200 ℃烤5 min。

迷迭香糯米糕 糯米粉加温水，迷迭香碎末揉成团。糯米团分成包子大小剂子，包入肉馅，抹食用油，上屉蒸熟即成。

迷迭香花草茶 迷迭香3～5 g，茶叶适量，将迷迭香与茶包放入壶中，冲入热开水。依个人口味放入冰糖，或待水温较低之后再加入蜂蜜即可。

项目五 荆　芥

信息采集

(一)荆芥的栽培概况及应用价值

荆芥，别称香荆芥、四棱杆蒿、假苏，属唇形科荆芥属1年生草本植物，是一种栽培历史悠久的芳香蔬菜，其野生种为多年生草本，广泛分布于新疆、甘肃、陕西、河南、河北、山东、湖北、贵州、云南和四川等地。民间用荆芥嫩茎叶作凉拌菜，有清凉薄荷香味，可防暑并增进食欲；做鱼时放入荆芥叶片可去除鱼腥味。荆芥花穗入药，有解热发汗、祛风、利咽之功效，可消除咽喉肿痛、火眼等病症，还常被用作调味品。近两年来荆芥广泛应用于饲料、香料加工行业，发展前景广阔。

(二)荆芥的生物学特性

1.形态特征

荆芥株高70 cm左右，有强烈香气。茎直立，四棱形，基部稍带紫色，上部多分枝。叶片对生，青绿色，卵形或披针形，叶缘波状，叶腋间易萌发腋芽。穗状花序，花小而密集，浅紫色(图6-14)。种子细小，黑色，长椭圆形。6月抽薹开花，7月结籽，种子寿命8年。

2.对环境条件的要求

荆芥适应性强，喜温暖湿润气候，耐热不耐寒，种子发芽适宜温度15～20 ℃，幼苗能耐0 ℃

左右低温，营养生长适宜温度20～25 ℃。荆芥对光照要求不严，耐阴。栽培适宜的土壤湿度为65%，有一定的耐旱性，土壤湿度过大影响生长。植株耐瘠薄，对土壤要求不严格。

(三)荆芥的类型与品种

荆芥根据叶片的形状分为尖叶荆芥和圆叶荆芥两种类型。尖叶荆芥植株较高，叶披针形，叶片瘦小，品质较差。圆叶荆芥株高中等，叶片肥大、脆嫩，品质好。

图 6-14　荆芥植株

生产计划

荆芥适合我国南北各地栽培，春夏秋均可播种，多作露地栽培。

荆芥露地栽培方案

(一)播种育苗

荆芥根系再生能力强，生产上多采用育苗移栽的方法，植株高大，产量高，供应期长。如果采用直播，植株小，抽薹早，不易获得高产。

一般4月下旬至6月均可播种，种子没有休眠期，新采收的种子即可播种。若结合设施育苗可以提早播种，保证产品提早上市，经济效益较好。荆芥种子细小，育苗时将种子均匀地撒播在浇透水的平盘中，上覆1 cm左右基质。播种后要保持畦面湿润，出苗后及时分苗于128孔穴盘中，当幼苗具2～3片真叶时可移栽。

(二)整地定植

最好选择疏松肥沃、排水较好的沙壤土，每667 m^2施充分腐熟的有机肥3 000～4 000 kg，精耕细作，做成宽1 m的平畦。荆芥分枝性强，栽培密度不可太大，一般行距40 cm，株距20～25 cm，每穴定植2株。

(三)田间管理

荆芥极少发生病虫害，稍加管理就能生长良好。苗期要浇水，保持土壤湿润，缓苗后中耕除草。为促使其多分枝，提高产量和品质，应在每次采收后每667 m^2施硫酸铵15 kg或相应的有机肥。荆芥不耐涝，雨季注意及时排除积水。

荆芥以嫩茎叶和芽为食。采收的标准是嫩芽具4～6片叶，嫩茎10 cm以上。随用随采，新萌发的嫩芽品质较好，一般每隔7～10 d就可采收1次，收获期长达4个月。

留种植株4月下旬播种移栽，一般不采收，任其生长，5月底选择健康、旺盛的植株，去杂去劣。6月份抽薹开花。每株可抽出种穗6个，1个月后种子成熟(图6-15)。应在种荚刚变黄时及时采收，以免过熟后种子自然脱落。

图 6-15 荆芥采种株

拓展阅读

百里香 又称麝香草，是唇形科百里香属多年生草本植物，原产于地中海沿岸及小亚细亚一带，现在世界各地广泛栽培(图 6-16)。百里香叶片所含有的芳香成分具有提高食欲、促进消化的功用，对于杀菌、防腐也有一定效果，是地中海流域最重要的食用香草之一。

图 6-16 百里香和金边百里香

牛至 又称匹萨草，唇形科多年生草本植物，原产于欧洲，从地中海沿岸地区至印度均有分布。一般西餐中将其晾干磨成粉末使用，是西餐中不可缺少的调料。牛至也是我国近几年比较受大众欢迎的一种芳香蔬菜（图 6-17）。

图 6-17 牛至植株

碰碰香 唇形科香茶菜属植物，学名绒毛香茶菜，原产于欧洲及西南亚地区，因植株叶片被触碰后可散发出苹果般的香气，因此被称为“碰碰香”“苹果香”。碰碰香的叶片可以用来泡茶，可以缓解肠胃胀气，并具有一定的消炎作用。在我国，碰碰香主要以盆栽为主，是一种以观赏为主、食用为辅的芳香植物（图 6-18）。

图 6-18 盆栽碰碰香

琉璃苣 别称琉璃花、玻璃苣。紫草科琉璃苣属 1 年生草本植物，原产于东地中海沿岸，现欧洲和北美广泛栽培，是欧洲用了 700 多年的药草，近年来我国有少量引种栽培。琉璃苣花为蓝紫色五角形，可用于庭院观赏栽培。其叶片和花朵都具有黄瓜的清香（图 6-19）。鲜叶可直接做沙拉食用，鲜叶及干叶又可用于炖菜及汤、饮料的调味。干花还可以泡茶。

图 6-19 琉璃苣的幼苗和花

藿香 又称土藿香、排香草、大叶薄荷，为唇形科藿香属多年生草本植物（图 6-20）。原产于我国，在我国各地广泛分布。藿香以嫩茎叶为食，富含钙、胡萝卜素等营养物质，可凉拌、炒食、炸食或煮粥，亦可作为烹饪佐料，具有健脾益气的功效。藿香含芳香挥发油，对多种致病性真菌都有一定的抑制作用。口含一叶可除口臭，预防传染病，并能用作防腐剂。夏季用藿香煮粥或泡茶饮服，对暑湿重症，脾胃湿阻，脘腹胀满，肢体重困，恶心呕吐有效。

图 6-20　藿香植株和花

芳香蔬菜知多少？

单元小结

芳香蔬菜多为唇形科具有芳香气味的植物，种类繁多，多数具有观赏价值和药用价值。芳香蔬菜大多喜欢温暖湿润的气候条件，在北方地区冬季需要进行设施栽培。适宜在排水良好、肥沃疏松的沙壤土中生长，在生长期间应保证充足的养分供应。芳香蔬菜一般都以采收嫩茎叶为产品器官，采收比较灵活。芳香特菜繁殖方式多样，一般均可进行无性繁殖。有的品种有轻微毒性，在食用时要注意食用量，防止中毒。

单元自测题

1.薄荷的无性繁殖方式有哪些？
2.罗勒怎样进行植株调整？
3.为什么紫苏不适合温室越冬栽培？
4.迷迭香有哪几种繁殖方式？
5.荆芥留种株应该怎样管理？

单元七

根茎类特菜

知识点 根茎类特菜的种类及应用价值；几种根茎类特菜的生物学特性和品种类型；几种根茎类特菜的高效栽培技术。

技能点 牛蒡收获；根芹育苗；豆薯整枝搭架；鱼腥草的无性繁殖。

职业素养 自主学习，触类旁通；躬身实践，知行合一；创新思维，合作意识。

根茎类特菜包括以肉质根茎为食用器官的稀特蔬菜。主要有以肉质直根为产品的红菜头、牛蒡、根芹，以块根为产品的豆薯，以肉质茎为产品的莴笋、草石蚕等。其共同特点是产品器官均为地下变态根或茎，故要求土层深厚、肥沃疏松、排水良好的沙壤土或壤土，土壤瘠薄、黏重、多石砾，不利于产品器官的生长。其中根菜类均用种子繁殖，茎菜类均用营养器官繁殖。与其他蔬菜相比，根茎类蔬菜的产品器官较耐贮藏。

项目一 牛　蒡

信息采集

(一)牛蒡的栽培概况及应用价值

牛蒡，别称蝙蝠刺、东洋参、牛鞭菜等，菊科2年生草本植物，原产于我国长白山，公元920年左右传入日本，在日本培育出多个品种，20世纪80年代末，菜用牛蒡引入我国。牛蒡以肉质根供食，含有大量人体必需的各种氨基酸，尤其是具有特殊药理作用的氨基酸含量较高，如具有健脑作用的天门冬氨酸占总氨基酸的25%～28%，精氨酸占18%～20%；其含有多酚类物质具有抗癌、抗突变的作用，因而具有很高的营养价值和较广泛的药理活性。经常食用有促进血液循环、清除肠胃垃圾、防止人体衰老、润泽肌肤、防止中风和高血压、清肠排毒、降低胆固醇和血糖的作用，并适合糖尿病患者长期食用，故日本人将牛蒡称为“长寿菜”。

(二)牛蒡的生物学特性

1.形态特征

牛蒡肉质直根圆柱形，长 60～100 cm，皮粗糙，暗黑色，肉灰白色。茎高 100～200 cm，略带紫红色。叶三角形或心脏形，淡绿色，叶缘具粗锯齿，背面具白色茸毛。头状花序，花冠筒状，淡紫色。种子长纺锤形，有刺，暗灰色，千粒重 11～14 g。种子寿命约 5 年，使用年限 2～3 年。

2.生育周期

(1)营养生长时期 包括发芽期(从播种至子叶展平，需 10～15 d)；幼苗期(从子叶展平至形成 5～6 片真叶为止)(图 7-1)；莲座期(从 5～6 片真叶形成至入冬前开始休眠。此期地下部肉质根开始膨大，一般从出苗到肉质根形成需 90～120 d)。

(2)休眠期 从入冬前开始休眠至翌年植株恢复生长所经历的时期。此期地上部叶片枯死，但根茎处的生长点和肉质根还具有生命力。

(3)生殖生长时期 包括恢复生长期(翌年春季，当土壤化冻后，植株开始恢复生长。植株抽薹标志着此期结束)；抽薹期(从植物开始抽薹至开始开花为止)；开花结实期(从植株开始开花到种子成熟为止。历时 40～50 d)(图 7-2)。

图 7-1 牛蒡植株

图 7-2 牛蒡开花

3.对环境条件的要求

牛蒡喜温耐寒又耐热，种子发芽温度为 15～30 ℃，生长适宜温度为 20～25 ℃，根部可耐－20 ℃低温。植株生长要求较强光照，光照可促进种子发芽，日照不足，影响肉质根的膨大。肉质根膨大期，要求土壤水分适宜。土层肥厚、排水良好的中性壤土和沙壤土利于牛蒡肉质根膨大，增施钾、钙可显著增加肉质根产量。牛蒡应避免与菊科或根菜类作物连作。

(三)牛蒡的类型与品种

我国栽培的牛蒡多从日本引进，国内尚无育成品种。牛蒡按生育期可分为 3 种类型：

1.早熟品种

生长期 90 d 左右，植株较矮，叶片较小。一般于 3 月中旬播种，6 月中旬收获，或于 8 月上旬播种，10 月底收获。肉质根长 30～35 cm，粗 1～1.5 cm，又名小牛蒡。代表品种如渡边早生、松中早生等。

2.中熟品种

生长期 150 d 左右，植株大小介于早熟、晚熟品种之间。一般 4—5 月播种，9 月开始收获，又叫中牛蒡。如大长根白内肌牛蒡。

3.晚熟品种

生长期 180 d 左右，植株生长高大，叶片大，生长势强。春季 4 月播种，10 月收获。肉质根长 70～140 cm，粗 3～4 cm，又名大牛蒡。代表品种如柳川理想、野川等。

生产计划

牛蒡在我国多为露地栽培。在北方春秋两季均可播种。春季可在 3 月中下旬至 5 月播种，9 月至翌年 4 月收获，春播在 5 cm 地温稳定在 5 ℃时进行；秋季可在 8 月中下旬播种，12 月上中旬至翌年 4—5 月收获。春播多选用中早熟品种，秋播一般选用中晚熟品种。

牛蒡露地栽培方案

(一)整地施肥

牛蒡忌连作，应选择土层深厚、土质疏松、富含有机质、pH 6～7 的沙壤土或壤土种植。牛蒡每 667 m^2 配施腐熟的农家肥 5 000 kg，硫酸铵 15 kg，过磷酸钙 50 kg，硫酸钾 10 kg，混合集中施入沟内，然后整地。播种前按照种植条带深翻 80 cm 以上，达到深、细、透、均、平。做畦采用高垄双行，以南北向为宜，垄高 30 cm，大行距 80 cm，小行距 40 cm。

(二)播种

一般生产上采取直播方式，不进行育苗移栽。牛蒡种皮具有发芽抑制物质，播种前需要进行种子处理。将种子放入清水浸种 24 h，并对种子反复搓洗。也可把种子放在清水中浸泡 12 h 后播种，能显著降低生长期病害的发生。采用条播方式，在垄上开 8 cm 深的沟，每 667 m^2 需种子 700～900 g。还可采用点播方式，穴距 6～10 cm，每穴 3～4 粒种子。播后覆盖2 cm厚的细土，轻轻镇压踩实。为了增温保墒，播种后可覆盖地膜。

(三)田间管理

1.间苗定苗

出苗后，发现缺苗应及时补苗。间苗一般进行 3 次，第 1 次在子叶展开时，第 2 次在 2～3 片真叶时，第 3 次在 3～4 片真叶时进行，最后定苗每穴 1 株，一般株距 20～25 cm。间苗时要注意除杂去劣，生长过于旺盛的植株，发生歧根的比率较大，应尽量拔除。

2.水肥管理

出苗后及时浇水保苗，生长期间应保持土壤湿润，雨天要及时排水、防涝。第 1 次追肥在间苗后，结合浇水，每 667 m^2 施尿素 10 kg、氯化钾 5 kg。第 2 次追肥在植株高 30～40 cm，叶片生长旺盛时，每 667 m^2 可施尿素 15 kg。第 3 次在肉质根开始膨大后，每 667 m^2 施复合肥 15～20 kg。

3.中耕、除草、培土

苗期杂草较多,应及时中耕除草。结合追肥,中耕 2～3 次,并进行除草,以保持土壤墒情。为保护根茎部,中耕要结合培土,培土时以不埋住生长点为度。

4.采收

根据肉质根的生长情况和加工企业的要求分批收获。春播牛蒡从 9 月开始收获。秋播牛蒡从翌年 4—5 月开始收获。收获时用利刀在距地表 10 cm 处割去叶丛,用铁锹挖至直根 30～40 cm 处,然后拔出。注意防止断根、伤根。若土质过硬,可在收获前浇 1 次透水。收获后的肉质根去尽须根和泥沙,在留叶柄 1～1.5 cm 处切齐,要求肉质根长直,完整,无病虫斑,无机械损伤,无霉变,不空心(图 7-3),按收购标准分级分别打捆,并立即送往加工厂。

图 7-3　牛蒡产品

牛蒡食谱

牛蒡茶　取 10～15 片牛蒡,入锅加 500 mL 清水煮沸,调入白糖或蜂蜜即成,可随意饮用。

凉拌牛蒡　牛蒡去皮,洗净切丝,放入沸水中焯熟,捞出沥干,晾凉,加糖、白醋搅拌均匀,再放入白芝麻和香油略拌一下即可。

牛蒡排骨汤　牛蒡洗净切成片,用清水浸泡;排骨洗净切成块,用沸水焯去血沫。锅内放水煮沸,放入排骨与牛蒡,煮沸后,改用中火煮 30 min,出锅前加盐、胡椒调味即可。

牛蒡海带羹　将牛蒡丝、海带和草决明一同放入锅内,加清水适量煨汤,熟后去草决明即成。

项目二　根　芹

信息采集

(一)根芹的栽培概况及应用价值

根芹,又称根洋芹、球根塘蒿等,为伞形花科芹属中的一个变种,由叶芹菜演变而来,能形成肥大肉质根的 2 年生草本植物。以脆嫩肉质根和叶柄供食用，可凉拌，炒食或煮食，亦可榨汁药用，具有降压、镇静、利尿，促进食欲等保健功效。与叶芹菜相比，具有较淡的芹菜香味，但粗纤维含量远低于叶芹菜，尤适老年人食用。根芹主要分布在欧洲，我国近年引进，仅有少量种植。

(二)根芹的生物学特性

1.形态特征

根芹地上部分类似芹菜，地下肉质根黄褐色圆球形，膨大部分主要由短缩茎、下胚轴和根上部组成(图 7-4)。肉质根表皮粗糙，肉质白色、脆嫩，有类似芹菜的香味。叶着生在短缩茎上，1～2 回羽状全裂，小复叶 2～3 裂，卵圆形，边缘锯齿状。具叶柄的复叶长而肥大，长 30～100 cm。茎端抽生花薹后发生多数分枝，高 60～90 cm，复伞形花序。花小、白色、花冠 5，离瓣，异花授粉(亦能自花授粉)。果实为双悬果，有 2 个心皮，其内各含 1 粒种子。种皮呈褐色，粒小，有香味，千粒重约 0.4 g，种子寿命为 3 年。

图 7-4　根芹植株

2.对环境条件的要求

根芹菜喜冷凉湿润的环境条件，苗期苗床适宜温度白天 17～20 ℃，夜间 12～15 ℃。肉质根在土温 20 ℃时生长量大，25 ℃时生长量较少，在高温条件下，肉质根易发生褐变和腐烂。绿体春化型蔬菜，在低温长日照条件下可促进苗端分化花芽，且须在幼苗期经受低温。土层深厚、肥沃，富含腐殖质又排水良好的壤土或沙壤土适宜根芹菜的生长。根芹菜的叶面积虽不大，但因栽培密度大，总的蒸腾面积大，加上根系吸收力弱，所以需要湿润的土壤和空气条件。植株生长前期，结合浇水早施追肥，促使根系扩展和肉质根适时膨大，后期需供水均匀，促进肉质根迅速膨大。

(三)根芹的类型和品种

按熟性，根芹菜有早熟、中熟、晚熟之分；按根的大小、形状有大、小、长、圆之分；按叶柄颜色有紫色与绿色之分。目前我国栽培的根芹菜多为引自荷兰、法国、意大利、俄罗斯等国家的中熟和早熟品种，在分类上缺乏系统性的研究。

生产计划

根芹菜发芽期和幼苗期生长缓慢，播种到成苗需 80～90 d；从定植到收获需 60～90 d。以露地栽培为主，结合设施可适当提前或延后栽培。具体安排如表 7-1。

表 7-1　根芹生产茬次安排表

茬次安排	播种期(月/旬)	定植期(月/旬)	收获期(月/旬)	备注
南方秋冬露地栽培	6/下至 7/下	8/下至 9/下	翌年 1 至 2 月	冬季平均温度 5～10 ℃
北方露地越夏栽培	3/中至 4/中	5/下至 6/上	8/下至 9/上中	大棚育苗
塑料大棚春早熟栽培	1/中下至 2/中	3/中下至 4/中	7/中	温室育苗
日光温室秋冬茬	6/下至 7/上	9/上至 10/中	翌年 1 至 2 月	露地育苗
日光温室冬春茬	11/中	翌年 1/中	6/上	温室育苗

芹菜播种

日光温室秋冬茬根芹栽培方案

(一)播种育苗

根芹种子细小，穴盘育苗可采用吸附式简易播种机播种。播后苗床温度白天保持 17～20 ℃，夜间 13～15 ℃，苗床要注意保湿。10 d 以后开始出苗。3～4 叶期分苗 1 次，苗期视土壤肥力和苗生长状况，施用 2～3 次尿素和磷酸二氢钾，浓度为 0.2%。待幼苗 6～7 片真叶时，即可起苗定植。

(二)整地定植

定植前每 667 m^2 施充分腐熟的有机肥 3 000 kg，多元复合肥 25 kg，耕翻耙平，做成宽1.5 m 平畦，畦上覆盖黑色地膜。因根芹膨大部分在地面和地上，故而不选用高垄栽培。定植时按株行距 30 cm×30 cm 在畦上打孔定植，每 667 m^2 保苗 6 000～7 000 株。栽苗时不要过深，要求“浅不露根，深不淤心”。

(三)田间管理

1.温度调节

日光温室秋冬茬栽培时，前期处于 9—10 月，后期温室温度逐渐下降，特别是到了翌年的 1—2 月，是温室温度最低的时候，所以一定要做好增温、保温措施，确保温度在 15～20 ℃。

2.水肥管理

幼苗定植后，前期生长缓慢，需水不大，保持田间土壤湿润即可。定植后进入旺盛生长期，追肥 2～3 次，注意氮磷钾肥配合施用，并加大浇水量，保证水分、养分的供应，促使根系扩展和肉质根适时膨大。肉质根生长后期，仍应适当浇水，防止空心。生长期间需及时摘除老叶和侧生枝叶，在肉质根膨大期间，可把根际土壤扒开，用刀修去肉质侧根，使主根生长肥大，表面光洁，形状整齐。

3.采收

当根芹球长到 0.5 kg 左右即可开始收获，掰掉外层的叶，削掉须根部分，即可出售。由于根芹生长慢，个体之间生长有差异，在收获时可以先收获大的，留下小的继续生长，待小球长到 0.5 kg 左右时再收获。

根芹食谱

根芹饺子　将根芹洗净，切碎，放入羊肉馅，加入盐、糖、酱油、花椒粉等调味成馅。面团做饺子剂，擀皮，包馅，煮熟即可食用。

冷拌脆香根芹　把根芹去老皮后，切成薄片。用冰水浸泡后，放入适量盐、白砂糖、醋、香油和蒜末，搅拌均匀。红椒切碎后撮在上面做点缀即可。

根芹炒肉　将根芹洗净，切丝，猪肉切丝。锅内放油，加入葱姜煸炒出香味，放入肉丝翻炒至变色，加入根芹丝，调味，炒熟装盘。

根芹鸡丝汤　将根芹洗净切成块。锅内放鸡汤，放入根芹烧开至熟，加入鸡丝，调味，勾芡，出锅淋香油即可。

项目三　豆　薯

信息采集

(一)豆薯的栽培概况及应用价值

豆薯又称凉薯、地瓜、沙葛等，为豆科豆薯属中能形成块根的栽培种，一年生或多年生缠绕性草质藤本植物。豆薯原产于美洲，且在美洲栽培历史悠久，哥伦布发现新大陆后由西班牙人传入菲律宾，之后传到世界各地。我国南方广泛栽培，以贵州遵义的豆薯、广西合浦沙葛最著名。近年来，豆薯在北方也开始引种栽培，但面积较小，属稀特蔬菜行列。

豆薯食用部分为肥大的肉质块根，富含糖类、蛋白质、淀粉、维生素 C，据测定，每千克块根中含水分 810～880 g、碳水化合物 76～119 g，以及一些矿物质、维生素等。其肉质洁白、嫩脆、香甜多汁，可当水果、凉拌、炒食或熟食，老熟块根还可加工制成淀粉，是解决 8—10 月秋淡的优良蔬菜和水果之一。具有止渴生津、解酒、降血压、清凉去热等功效。

豆薯块根耐贮藏和运输，可调节蔬菜供应。其种子和茎叶含有鱼藤酮，对人畜有毒，不能食用，可提取杀虫剂。

(二)豆薯的生物学特性

1.形态特征

(1)根 为直根系,须根多。根系强大,耐旱耐贫瘠,主根积累养分在近茎上端逐渐膨大成为扁圆形或纺锤形肉质块根,表皮淡黄色,有纵沟及根皱纹。一般情况下只形成1个块根,但若主根受伤,养分则输入较大的侧根,使侧根膨大,形成2个或更多较小的块根。块根肉质洁白,皮薄而坚韧,易剥离。

(2)茎叶 茎细长坚韧,蔓生,高2 m以上,右旋缠绕,横切面圆形,被黄褐色茸毛,每节发生侧蔓。叶为三出复叶,互生,中间小叶菱形,两侧小叶斜卵形,浓绿色,叶表面光滑,叶背色较浅,叶脉突起。

(3)花 总状花序,自茎基部第5~6节起,节间可抽生花序。第1花序有20余节,每节有花2~4枚,花为紫蓝色或白色蝶形花。一般花序下部的花能够结荚结籽。

(4)果实和种子 荚果扁平,长7~13 cm,宽1.2~1.5 cm,荚未成熟时为绿色,老熟后深褐色。嫩荚密生褐色刺毛不能食用,内含种子8~10粒,种子扁平略呈方形,黄褐色间有槽纹,种皮坚硬,千粒重200~250 g。

2.生育周期

豆薯的整个生育周期划分为以下几个时期。

(1)发芽期 播种至第1对真叶展开。30 ℃时发芽迅速,温度低发芽慢,且易烂种,在北方因为春季温度低等原因,露地播种以后,需要扣小拱棚来迅速提高豆薯发芽所需温度。需要20~25 d的时间。

(2)幼苗期 第1对真叶展开至发生6~7个复叶和数条侧根。此期开始抽蔓,应施少量氮肥,建立初步同化系统。

(3)发棵期 茎叶迅速生长,块根开始形成。此期陆续发生侧蔓并抽生花序(图7-5),与块根生长争夺养分,须及时摘花,去侧枝,使同化产物集中供给块根。

(4)结薯期 以块根膨大为主,25~30 ℃的温度和强光照有利于块根的膨大(图7-5)。约需60 d。

1

2

1.叶片和花序 2.块根

图7-5 豆薯的形态特征

3.对环境条件的要求

(1)温度 豆薯为喜温蔬菜，耐高温，不耐寒。生长期要求较高的温度条件。发芽期要求30 ℃的温度，茎叶生长适宜温度20～30 ℃，肉质根膨大适宜温度20～25 ℃，开花结荚期要求30 ℃ 的高温。块根生长发育对温度的适应性较广，可在较低温度条件下膨大生长。但温度低于15 ℃，则生长发育受到抑制。

(2)光照 豆薯为喜光蔬菜，要求光照充足，长日照条件下适于茎叶生长，短日照条件下适于块根膨大。在低于15 ℃和弱光条件下，茎叶徒长，不利于块根膨大。豆薯是短日照植物，豆薯种子成熟缓慢，在高温短日照的条件下，才能开花，在开花后约3个月种子才能成熟。在北方地区，因受日照长短和无霜期的限制，豆薯不能采种。

(3)水分 生长期间需水量大，但根系不耐涝，雨季及时排除积水，防止涝害。

(4)土壤 豆薯对土壤的要求较严格，适宜的土壤条件方能获得优质高产。豆薯要求土层深厚、疏松、排水良好的壤土或沙壤土，不适于在黏重、通透条件较差的土壤上种植。块根生长需适量氮肥和较多的磷钾肥，过多氮肥常引起蔓叶徒长，肉质根不易肥大。连作时，钾素营养消耗过多，使其产量降低，应与非豆科作物进行2～3年的轮作。

(三)豆薯的类型和品种

按块根形状分为扁圆、扁球、纺锤形(或圆锥形)等。按成熟期分为早熟种、晚熟种。

1.早熟种

植株生长势中等，叶片较小，块根膨大较早，生长期较短。茎蔓不旺盛，块根扁圆或纺锤形，皮薄，纤维少。单根重0.4～1.0 kg，鲜食或炒食。常见品种有：贵州黄平地瓜、四川遂宁地瓜、成都牧马山地瓜、台湾马来种、广东顺德沙葛等。

2.晚熟种

植株生长势强，生长期长，块根成熟较迟。块根扁纺锤形或圆锥形，表面有不规则的深褶，皮较厚，纤维多，淀粉含量高，水分较少，单根重1.0～1.5 kg，大者可达5 kg以上。适于加工制粉。常见的品种有：广东湛江大葛薯、广州郊区迟沙葛、台湾圆锥形种等。

生产计划

豆薯生长期长，播种后需5～7个月才能收获。北方地区露地栽培生长期短，产量低，可利用保护地进行提前延后栽培，延长生长期，提高产量。

豆薯露地栽培方案

(一)品种选择

北方地区宜选用扁圆形种，此类品种叶片较小，生长势中等，成熟早，品质好。块根表面有纵沟4～10条，如成都牧马山地瓜。

(二)整地施肥

选土层深厚、疏松、排水良好的沙壤土，冬季深翻冻垡，深耕20～30 cm。因豆薯生长期长，需肥量大，栽培时应重施基肥。冬前结合深翻每667 m^2 施腐熟的基肥4 000～5 000 kg，加草木灰100～150 kg，过磷酸钙25 kg。耙细、整平，做成宽100～120 cm的平畦。

(三)播种育苗

豆薯以种子繁殖,北方地区在晚霜过后立即进行播种。豆薯种子种皮坚实,干播种子发芽慢而不齐,为提高种子发芽率,应进行浸种催芽。播种前应挑选老熟饱满新鲜的种子,用30 ℃温水浸种3～4 h,待种皮皱缩后重新膨胀时为适,然后放在30 ℃的恒温箱中催芽。催芽期间,每天用温水冲洗,以免种子腐烂。10 d左右,有半数种子都已萌芽的时候,即可进行播种。

露地直播宜在地温稳定在15～20 ℃时进行。播种时,在畦面施氮、磷、钾复合肥,将土肥混匀。按50 cm行距开沟,沟深5～6 cm,耕作不宜过深,耕作太深,肉质根往下伸展,形成长形根,使纤维增多,品质降低。然后沟内浇水,待水渗下,在沟内每隔3～4 cm播1粒种子。播后覆土3～4 cm,覆土不宜过厚,以掩盖种子为宜,否则不利出土,若有条件可覆盖地膜。

在生长季节短的地区也可先育苗再移栽。采用营养钵直播的办法,播种后一般15～20 d,2片真叶长出时定植,栽苗时应注意将主根理直,避免影响块根的膨大和形状。

(四)田间管理

1.间苗引苗

在北方播种后12～15 d即5月末前后幼苗出土。在6月上旬有4～5片真叶时,及时按17～20 cm的株距进行间苗、补苗,如覆盖地膜的,将薄膜扎洞,引幼苗出膜,并在苗基部将地膜盖紧压严。

2.中耕培土

6月中旬当苗齐后,在苗高7 cm至侧藤铺地之前抓紧进行中耕除草,中耕宜浅,切忌伤根。如果覆盖地膜的,当苗高7～8 cm时揭去地膜,进行浇水追肥。待土表稍干,即进行中耕松土保墒。结合中耕进行除草,将行间土分2次培到株间,形成小高垄,垄高15～18 cm。待支架后停止中耕培土。

图7-6 豆薯搭架栽培

3.植株调整

植株抽蔓即苗高15 cm时,应及时搭建“人”字架或篱架,架高2 m左右。前期需要人工引蔓上架(图7-6)。北方地区前期温度较低,豆薯生长较缓慢,随着温度逐渐升高,豆薯后期生长较快,在进入生长期时,进行植株调整,仅留主蔓,及时摘除侧蔓,发现花蕾、花序也要及时摘除,将叶腋中的主芽及2个副芽全部摘除干净,以免再发,以节省养分,促进块根膨大。当植株长至20节左右,主蔓爬到架顶时,及时摘心,控制顶端生长,侧枝留4～5片叶摘心,保证有足够的养分使块根膨大。

4.水肥管理

北方地区降雨量较少,所以在前期苗高 7～8 cm 时,保持土壤见干见湿。进入发棵期,每 5～7 d 浇 1 次水。地上部出现花序后,块根进入膨大期,应增加浇水量,保持地面湿润,每 3～5 d 浇 1 次水。豆薯需肥量并不大,在基肥(用腐熟的有机肥)充足的情况下,一般不再追肥。若需要追肥,则宜早不宜迟。搭架前结合浇水,追施尿素 1 次,每 667 m^2 用量 15 kg。出现花序后,每 20 天左右追施 1 次复合肥,每 667 m^2 用量 15 kg,共追施 2～3 次。追肥时应距植株稍远些,以防止追肥不当造成薯皮变黑,影响品质。

5.采收及贮藏

豆薯播种 5～7 个月后肉质块根已充分膨大,可以进行采收。生食块根可适当早收,但不能太早,采收过早,甜味不够,产量低;采收过晚,水分含量增高,品质降低。所以应掌握适宜的采收期,使其块根脆嫩、多汁、味甜。一般成熟块根应在霜冻前收获,否则不耐贮藏。豆薯块根受损伤后极易腐烂,采收时应特别小心。好的块根在未受冻害的情况下,可贮藏供应至翌年 2 月。北方地区由于无霜期较短,应适当延长生长期来提高产量。

项目四 鱼腥草

信息采集

(一)鱼腥草的栽培概况及应用价值

鱼腥草别称蕺菜,为三白草科蕺菜属的多年生草本植物,既可入药又可做菜。其嫩茎叶和地下茎辛香味极浓,可生食,也可炖食或炒食。鱼腥草产于我国长江流域以南各省,因其叶有鱼腥气,故俗称鱼腥草。在云南、贵州、四川、重庆等西南地区被称为折耳根,其入药具有清热解毒、消痈排脓、利尿通淋的作用,在我国传统医学中具有较为广泛的用途。现代医学研究证实,鱼腥草含有丰富的黄酮成分,能保持血管柔软,可防治因动脉硬化引起的高血压、冠心病等。最重要的是鱼腥草中还有一种黄色油状物,对各种微生物,尤其是酵母菌和霉菌均有抑制作用,所以临床广泛用于治疗肺炎、咳血、上呼吸道感染、慢性支气管炎、感冒发烧、肾病综合征、鼻炎和流行性腮腺炎等。

(二)鱼腥草的生物学特性

1.形态特征

鱼腥草全株分地上和地下部分,地下部分称为变态茎,茎节上轮生小根,节间白色;地上部分茎直立,株高 30～50 cm,茎粗 0.2～0.3 cm,鱼腥草分红茎和白茎 2 种。叶互生,心形或宽卵形,全缘,长 3～8 cm,宽 4～6 cm,密生细腺点,先端急尖,叶片老时常呈紫红色,叶脉呈放射状,略有绒毛;叶柄长 1～5 cm,有疏毛,托叶膜质,披针形,基部与叶柄连成鞘状。穗状花序生于茎上端与叶对生,长 1～3 cm,花小而密,花瓣白色,两性,无花被;雄蕊 3 枚,花丝细长,雌蕊由 3 个下部合生的心皮组成,子房上位,花柱分离;蒴果壶形,顶端开裂;种子卵圆形,有条纹,花期 4—7 月,果期 6—9 月。果实顶端分裂,种子多呈球形、有条纹(图 7-7)。

2.对环境条件的要求

鱼腥草适应性广,3 月下旬当气温稳定通过 12 ℃以上时即可出苗,生长适宜温度 15～20 ℃,地下茎成熟要求适宜温度为 20～25 ℃。鱼腥草较耐寒,气温低至－15 ℃,仍能越冬。江南各地及浙江、江苏、四川和贵州等地都能生长，喜阴湿、怕干旱，对土质要求不严，但以中性或微酸性的沙土和沙质壤土为最好，适宜土壤 pH 6.5～7。在肥沃田块，其根茎长得肥大、鲜嫩。要求土壤相对湿度在 80%左右，空气相对湿度在 50%～80%，才能正常生长。

1.叶片　2.花　3.地下茎

图 7-7　鱼腥草的形态特征

(三)鱼腥草的类型与品种

鱼腥草有白茎和红茎两种，红茎鱼腥草香味更浓。

生产计划

鱼腥草喜温暖，怕霜冻，当地温稳定在 12 ℃时开始萌芽，所以冷凉地区栽培，种植时间不宜抢早。根据生产经验，一般在 2 月下旬至 3 月或 9—10 月种植，但夏季鱼腥草产量高、品质优、效益好，所以生产上多在 3 月种植。

鱼腥草露地栽培方案

(一)繁殖方法

1.扦插繁殖

春夏季节，在露地沙质苗床内扦插。选择粗壮、无病虫害的鱼腥草枝条剪成长 12～15 cm 带

3～4 个节的插条，用 500 mg/L 生根剂溶液浸泡插条 10 s。取出后，插入苗床，株行距10 cm×14 cm，搭棚遮阳，保持苗床土壤湿度在 90%以上。待插条生根并长叶后，10～15 d 后移栽至大田。

2.分株繁殖

在 3 月下旬至 4 月，将母株挖出分株移栽于沙土苗床上育苗或直接移植均可。

3.根茎繁殖

可在 2—3 月进行，挖出色白、粗壮的根茎，截成具有 2 个腋芽的小段，在苗床上或大田开浅沟育苗或定植。如果在夏季高温季节进行反季节播种，一定要有 3 个节，以保证中间的节位能够发芽生根。

(二)整地施肥播种

种植田要选择土层深厚、土质肥沃、有机质含量多、排灌方便、背风向阳、保水和透气性好的土壤。结合整地每 667 m^2 施入腐熟堆肥 3 000～5 000 kg、复合肥 25 kg，注意播种时底墒要好，必须保证土壤 7 d 不缺水，以促进种茎发芽和出苗。耕作时要仔细压碎土块，整平地面。按 170～200 cm 宽做畦，在畦面上横向开播种沟，沟深 8～10 cm，宽 13～15 cm。然后按株行距 14 cm×20 cm 开沟或挖穴定植，种茎要摆放均匀。种植后浇水，保持土壤湿润。

(三)田间管理

1.水肥管理

鱼腥草整个生长期要一直保持土壤湿润，肥料以氮、钾为主，对磷的需求较少，但不能缺乏，幼苗出土高约 3 cm 时开始追肥，前期以氮肥为主，每 667 m^2 追施尿素 8～10 kg，促进幼苗生长，随着鱼腥草逐渐长大，进入生长旺盛期，对肥的需求量也加大，特别是钾肥对根茎的形成更加有利，每 667 m^2 施用尿素 10 kg，过磷酸钙 30 kg，硫酸钾 15 kg，混匀后撒施，生长周期内可适量喷施 2～3 次 0.2%的磷酸二氢钾溶液。

2.中耕培土

鱼腥草生产中要结合施肥进行中耕除草，雨季要及时排除积水，封行前除草、松土。株高 10 cm以上时，要及时培土，既可防止植株倒伏，又可使地下茎粗壮白嫩。

3.植株调整

封行后促控结合，地上部徒长时，要及时采摘嫩茎叶，地上部茎叶变黄、茎叶细小时，适当追肥，促进发棵。如果不作留种的植株，要及时摘除出现的花蕾，以免开花消耗大量养分。

4.采收

鱼腥草可周年采挖食用，春夏季采摘嫩茎叶、秋冬挖掘地下茎(图 7-8)，人工栽培的鱼腥草可采收 2～3 次嫩茎叶。采收地下茎时留下一部分，翌年气温回升时，即萌发出苗，及时进行田间管理，可连续生产多年。北方地区，冬季气温低于 −15 ℃，需要将种株挖出栽植于温室或置于低温冷凉处保存。

图 7-8　鱼腥草产品

鱼腥草食谱

鱼腥草大枣茶 鱼腥草 50 g，红枣 15 粒，桂圆 4 粒。将鱼腥草和红枣洗净，桂圆去壳。沸水冲泡，盖上盖焖 15 min 后就可服用，可加适量冰糖调味。

凉拌鱼腥草 将鱼腥草的老根、须掐去，留下嫩白根茎及叶片，用清水多洗几遍，用冷水浸泡 10 min，捞出沥干水分待用。将干辣椒切成段，放到温油中炸至酥脆，发出香味，连同油一起倒入碗中待用。将鱼腥草放到盆里，放入盐、酱油、白糖、醋、鸡精、红油、炸好的辣椒油拌匀，即可食用。

项目五 莴 笋

信息采集

（一）莴笋的栽培概况及应用价值

莴笋即茎用莴苣，菊科莴苣属莴苣种能形成肉质嫩茎的变种，1～2 年生草本植物。莴笋营养丰富，是典型的低钠高钾蔬菜，长期食用有利于体内水和电解质的平衡，促进排尿，减轻血管压力，因此对高血压、水肿、心脏病患者都有一定食疗作用。莴笋肉质脆嫩、味道鲜美，可以炒食、凉拌，还可以用来做爽口泡菜。莴笋叶子俗称“凤尾”，它含有的营养素含量绝不逊色于莴笋，是一种很好的叶菜。

（二）莴笋的生物学特性

1.形态特征

莴笋为直根系，移植后发生多数侧根，浅而密集，主要分布在 20～30 cm 土层中。茎短缩。叶互生，披针形或长卵圆形等，色淡绿、绿、深绿或紫红，叶面平展或有皱褶，全缘或有缺刻。短缩茎随植株生长逐渐伸长和加粗，茎端分化花芽后，在花茎伸长的同时茎加粗生长，形成棒状肉质嫩茎（图 7-9）。肉色淡绿、翠绿或黄绿色。圆锥形头状花序，花浅黄色，每一花序有花 20 朵左右，自花授粉，有时也会发生异花授粉。瘦果，黑褐或银白色，附有冠毛。

图 7-9 莴笋植株

2.生育周期

莴笋的一生要经过营养生长和生殖生长 2 个阶段。栽培上只有营养生长阶段，从播种到收获需 75～80 d，该阶段按其生长发育特点及植株外部形态特征，可分成 4 个生长时期；开花结实期属生殖生长阶段，在采种时需经历此阶段。

(1)发芽期 播种后种子吸水萌动发芽，50%以上 2 片子叶出土称作发芽期。此期持续时间长短取决于温度条件。一般 4～5 d 则可齐苗。主要任务是提高播种质量而保全苗。

(2)幼苗期 幼苗长出第 1 片真叶至第 5 片叶展开，为幼苗期，俗称“团棵期”。一般持续 20～25 d。该期中心任务是培育壮苗。

(3)莲座期 从第 6 片叶开始，直至第 11～12 片叶展开，心叶与外叶齐平时为莲座期。叶面积迅速增大，嫩茎开始伸长。该期需 20 d 左右。主要任务是促进叶片生长，为嫩茎膨大打基础。

(4)肉质茎形成期 肉质茎不断伸长和加粗，叶片数随之增加，并扩大。位于茎中部的叶片已达最大值，上部叶片逐渐减少而变尖，茎逐渐变细。所有叶片轮生在膨大的嫩茎上。该期一般持续 25～30 d，是产量形成的关键时期。

(5)开花结实期 抽薹至瘦果成熟，属开花结实期。莴笋属高温感应型，花芽分化受日平均温度的影响大。日平均气温在 23 ℃以上，花芽分化迅速。长日照促进抽薹开花。

3.对环境条件的要求

(1)温度 莴笋属耐寒性蔬菜，喜冷凉气候，稍能耐霜冻，不耐高温。种子在 4 ℃以上就能发芽，发芽适宜温度 15～20 ℃，30 ℃以上发芽受阻。因此，在高温季节栽培时。必须经过低温催芽后方可播种育苗。幼苗的生长适宜温度为 15～20 ℃，12 ℃以下生长缓慢，但较壮实，29 ℃以上生长不良，可耐－6 ℃的低温。肉质茎生长适宜温度是 11～18 ℃，喜昼夜温差大，白天 20 ℃，夜间 5～8 ℃，莴笋生长旺盛，叶片肥大，茎粗，产量高，质量好。日均温度超过 24 ℃或日照时数在 14 h 以上的高温长日照条件下，容易引起先期抽薹，造成肉质茎细长，影响产量和品质。开花结实期要求温度较高，低于 15 ℃开花结实受阻。

(2)光照 生长期间需要中等强度的光照，光照较弱时会造成莴笋徒长现象，甚至有空心植株的出现。种子为需光型种子，发芽时要有适当的散射光线。

(3)水分 苗期要求土壤湿润，切忌过干或者过湿，莲座期应控制水分，抽薹期应给予充足的水分，在茎部肥大后期应适当控水，水多则开裂，还会导致软腐病的发生。

(4)土壤营养 莴笋喜疏松肥沃的土壤，喜氮肥，氮在任何时期都不能缺少；苗期不能缺磷，否则会造成叶数少，植株小，产量低。在抽薹期需要大量的钾肥以及适当的磷肥。莴笋对土壤酸碱反应敏感，适合在微酸性土壤(pH 6～6.5)种植。

(三)莴笋的类型和品种

根据莴笋叶片形状可分为尖叶和圆叶 2 个类型(图 7-10)，各类型中依茎的色泽又有白笋、青笋和紫皮笋之分。

1.尖叶莴笋

叶簇较小，叶片披针形，先端尖，叶面平滑或略有皱缩，绿色或紫色。节间较稀，茎棒状，上细下粗。较晚熟，幼苗耐热性强，适合秋季或越冬栽培。主要品种有柳叶笋、白皮香早种等。

2.圆叶莴笋

叶簇较大，叶长倒卵形，顶部稍圆，叶面微皱，叶淡绿色。节间较密，茎粗大，中下部较粗，两端较细。较早熟，耐寒性强，耐热性较差，品质好，多作越冬栽培。代表品种有北京鲫瓜笋、上海大圆叶、南京紫皮香等。

1　　　　2

1.尖叶莴笋　2.圆叶莴笋

图 7-10　莴笋品种类型

生产计划

莴笋以露地栽培为主，春秋两季均可栽培。北方地区秋莴笋指 7 月播种育苗，9—10 月采收，春莴笋需要在设施内育苗，4 月中下旬定植，5 月中下旬开始采收。北方地区也可利用设施进行越冬栽培。

秋莴笋露地栽培方案

(一)播种育苗

秋莴笋育苗时正值高温雨季，苗床需遮阳避雨。选择 16:00 以后播种，种子撒播于浇透水的平盘或 288 孔穴盘中，覆盖 0.5 cm 厚的基质，苗盘上覆盖遮阳网。播种后，保持苗床土壤湿润。至苗出齐，逐渐撤掉遮阳网。幼苗具 2 片叶时，分苗于 128 孔穴盘中。当幼苗第 4～5 片真叶展开时，即可定植。

(二)整地定植

1.整地施基肥

莴笋需肥量大，要选择保肥力强的疏松壤土，每 667 m^2 施腐熟优质有机肥 2 500 kg，过磷酸钙 50 kg，三元复合肥 15 kg，深翻 20 cm，翻耕使土壤与肥料充分混合，整平起垄。

2.定植

早熟品种行株距(30～33)cm×25 cm，8 000～8 500 株/667 m^2，晚熟品种行株距(33～35)cm×30 cm，6 000～6 500 株/667 m^2。定植应在阴天或晴天 15:00 以后，大小苗分开定植，浅栽，不盖心叶，栽后立即浇透定根水。

(三)田间管理

1.中耕除草

缓苗后及时查苗补苗，中耕除草。莲座期封行前一般中耕 2 次。

2.水肥管理

定植后 3 d 内每天 16:00 后喷水，以促进缓苗。莲座叶形成前适当控制水分，进行蹲苗，以形成强健的根系和繁茂的叶丛。莴笋高 30 cm 时，应喷浓度为 0.2%～0.3%的硼砂，每 10 d 喷 1 次，以防茎秆开裂、空心。待叶片肥厚，已长出 2 个叶环，心叶与莲座叶平头时茎部开始肥大，此时结束蹲苗，及时浇水并追施速效性氮肥与钾肥，每 667 m^2 用氮磷钾三元复合肥 25 kg 条施，施后盖土，灌半沟跑马水，促使茎部肥大。采收前 10 d 停止肥水供应，促进茎秆膨大成熟。

3.适时采收

当莴笋主茎顶端与最高叶片的叶尖相平时为收获适期(图 7-11)。这时茎部已充分膨大，品质脆嫩。若采收太晚，花茎伸长，纤维增多，肉质变硬甚至中空。

图 7-11　采收期的莴笋

拓展阅读

红菜头　别称根菾菜，藜科菾菜属菾菜种中能形成肥大肉质根的 2 年生草本植物(图 7-12)。起源于地中海沿岸，公元 14 世纪英国已有栽培，是欧美各国的重要蔬菜之一。其食用部位为肥大的肉质根，富含糖分和矿物质，并有止吐止泻和驱除体内寄生虫的功能。因含花青素苷而使其根皮呈暗紫红色，根肉呈鲜紫红色，颜色鲜艳，根质柔嫩、纤维少，可生食、熟食或加工用。欧美各

图 7-12　红菜头植株

国主要用于西餐的点缀材料，是欧洲、美洲主要蔬菜之一。

婆罗门参　全称蒜叶婆罗门参，别称西洋牛蒡，菊科婆罗门参属二年生草本植物（图 7-13），原产欧洲南部的希腊、意大利等地。其可食部分为嫩茎叶及地下肥大的肉质根。欧美人认为婆罗门参的肉质根除了有较高的营养价值外，还具有治疗黄疸病、提神与利尿的功效。婆罗门参的嫩叶可生吃、做沙拉，也可炒食、做汤。肉质根烤、煮、油炸、做汤均可。新鲜的婆罗门参具有浓郁的牡蛎香味，因此被称为“蔬菜牡蛎”，其风味来自于肉质根内流出的乳白色汁液，根皮有切口即会逐渐流失。因此烹饪婆罗门参时，应在煮熟后去皮，才能保存牡蛎的风味。去皮后放于有醋或柠檬汁的水中浸泡，以防止肉质根变黄褐色。

根菜类肉质根结构

图 7-13　婆罗门参植株

草石蚕　别称螺丝菜、宝塔菜、甘露儿、地蚕。原产于东亚，我国自古栽培，分布南北各地，江苏扬州栽培较多。草石蚕为唇形科水苏属多年生蔬菜，以地下肉质茎供食（图 7-14），质脆味甜，含丰富的蛋白质及多种维生素，是腌酱菜的上等佳品，具有鲜、嫩、脆、甜 4 大特点，出口日、韩及东南亚各国，深受欢迎。草石蚕具有较高的保健作用，含有多种矿物质、维生素、胆碱等，其地上部分茎叶有治疗风湿性关节炎、肝炎、毒蛇咬伤和散瘀止痛等功效。

彩色胡萝卜　是蔬菜育种专家培育出的胡萝卜新品种，包括紫色、黄色、白色和红色等多种颜色（图 7-15），彩色胡萝卜的外表之所以呈现彩色，是因为它们含有不同的色素。彩色胡萝卜不仅好看，而且比普通胡萝卜的营养价值高，且味道甜美，能够引起少年儿童的喜爱。

图 7-14 草石蚕植株和产品

单元小结

根茎类特菜均以变态的地下根或茎为产品，因此，均要求土层深厚、疏松透气的土壤，对整地质量要求较高。根茎类特菜需肥量大，喜磷钾肥，适宜垄作或高畦栽培，栽培过程中需多次培土以提供黑暗环境。以变态根为产品的根菜类均以种子繁殖，因不耐移植，故生产上多采用直播的方式。以变态茎为产品的茎菜类多以营养器官繁殖，繁殖系数较低，用种量大，品种易退化。

图 7-15 彩色胡萝卜

单元自测题

1.简述牛蒡田间管理的技术要点。

2.为提高肉质根的质量，怎样对根芹进行植株整理？

3.豆薯怎样进行植株调整？

4.鱼腥草怎样繁殖？

5.简述秋莴笋露地栽培技术要点。

单元八

其他特菜

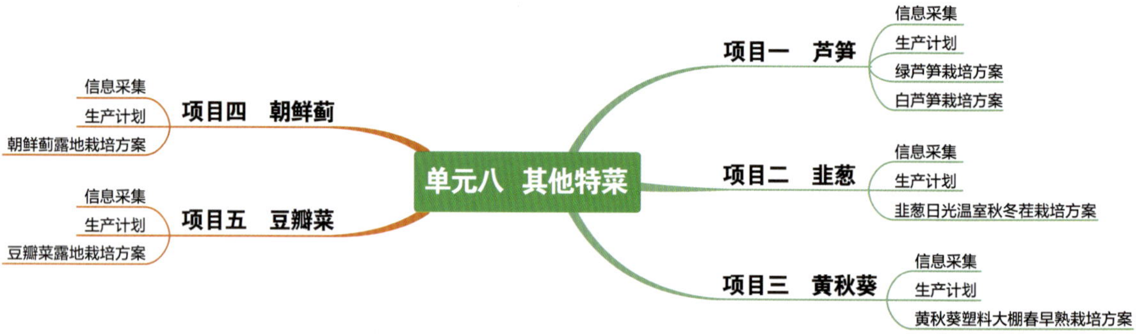

知识点 本单元特菜的种类；芦笋、黄秋葵、朝鲜蓟等特菜的应用价值；芦笋等几种特菜的生物学特性和品种类型；芦笋等几种特菜的高效栽培技术。

技能点 芦笋定植；白芦笋的培土和采收；韭葱采收；朝鲜蓟越冬；黄秋葵适期采收。

职业素养 自主学习，触类旁通；躬身实践，知行合一；创新思维，合作意识。

本单元的特菜包括多年生蔬菜（芦笋）、葱蒜类蔬菜（韭葱）、杂类蔬菜（黄秋葵、朝鲜蓟）和水生蔬菜（豆瓣菜）等。各种蔬菜分别属于不同的科，生长习性和栽培技术差异较大。

项目一 芦　笋

信息采集

（一）芦笋的栽培概况及应用价值

芦笋，别称石刁柏，百合科天门冬属多年生草本蔬菜。原产于地中海东岸及小亚细亚，19世纪末传入我国，近年才推广开来。芦笋以嫩茎为食，富含维生素和矿物质，尤其是硒的含量高于一般蔬菜。此外，其产品还含有较多的天门冬酰胺、天门冬氨酸及其他多种甾体皂苷物质，能抑制癌细胞的增长，对多种疾病均有特殊疗效，是国际公认的“抗癌蔬菜”。

（二）芦笋的生物学特性

1.形态特征

（1）根 芦笋为须根系，根发生于根状茎上，根群发达，大部分分布在30 cm土层中。根有两种，一种是贮藏根（图 8-1），发生于茎节，呈粗弦状，肉质，具有贮藏养分的功能，寿命较长，只要不损伤生长点，每年可以不断向前延伸；另一种是生长于贮藏根上的吸收根（图 8-1），呈须状，具吸收功能，寿命较短，环境条件不适时易萎缩。

(2)茎 芦笋的茎包括地下根状茎和地上茎。地下是短缩的变态茎，多水平生长，又称根状茎。地下茎上有鳞片（退化叶）、芽和根。芽由鳞片包裹成鳞芽（图 8-1），根状茎的分枝先端，鳞芽紧密排列成鳞芽群，鳞芽相继萌发出土成为地上茎（食用器官）（图 8-2）。随着根状茎向前延伸，抽生的地上茎和根也不断增多。芦笋的地上茎有节无叶，每节有鳞片（退化叶，不能进行光合作用）和腋芽。

1.鳞芽　2.吸收根　3.贮藏根

图 8-1　芦笋的地下根茎

图 8-2　早春拱出地表的嫩茎

(3)叶 芦笋的叶分真叶和拟叶两种。真叶是一种退化了的叶片，着生在地上茎的节上，呈三角形薄膜状的鳞片。茎上腋芽萌发形成分枝，分枝的腋芽萌发形成二级分枝，枝上丛生针状的变态枝，称为“拟叶”（图 8-3），绿色，是芦笋进行光合作用的主要器官。

1.拟叶　2.果实

图 8-3　芦笋的拟叶和果实

(4)花、果实、种子 芦笋为雌雄异株作物。花小，钟形，花瓣 6 枚，白色或黄绿色。雌株结红色果实，圆球形（图 8-3），每果有种子 1～6 粒。种子黑色，短卵形，表面光滑，千粒重 25 g，使用年限 2～3 年。雌株较雄株高大，但分枝发生迟而少，植株株型较稀疏，抽生嫩茎粗壮，但数量较少，产量也不及雄株高；雄株较矮，分枝早而稠密，抽生嫩茎稍细，但数量较多，产量比雌株高 20%～30%。

2.生长发育周期

(1)年周期 芦笋在温带和寒带地区，每年冬季地上部分干枯死亡，地下部分休眠越冬。一年内经历生长和休眠 2 个阶段，称年周期。而在热带和亚热带地区，地上部不枯萎。

①生长期　每年土温回升到 10 ℃以上时，芦笋的鳞芽萌发长成嫩茎，进而长成植株，直至秋末冬初地温下降到 5 ℃左右时，逐渐干枯死亡。地上茎随气温升高生长速度逐渐加快，地下的鳞

茎也在不断抽生嫩茎，约 1 个月抽生 1 批。秋季来临，养分转入肉质根贮藏。当年养分积累多少决定翌年产量高低。

②休眠期　从秋末冬初地上部茎叶枯死直到第 2 年春季芽萌动。

(2)生命周期　芦笋一生中经历幼苗期、幼龄期、成年期和衰老期 4 个阶段，称生命周期。

①幼苗期　从种子发芽到定植，通常历时 1～3 个月。

②幼龄期　从定植到开始采收嫩茎。植株不断扩展，根深叶茂，肉质根已达到应有的粗度和长度，地下茎不断发生分枝，形成一定大小的鳞芽群。通常历时 1～3 年，水肥条件好的地块历时较短。

③成年期　植株继续扩展，地下茎处于重叠状态，形成强大的鳞芽群，并大量萌发抽生嫩茎，嫩茎肥大，粗细均匀，品质好，产量高。此期是芦笋生长旺盛的时期，通常历时 6～10 年，如果管理水平高，还可以延长。

④衰老期　植株扩展速度减慢，出现大量细弱茎，生长势明显下降，嫩茎数量减少，细弱、弯曲，畸形笋增多，产量、品质明显下降，需及时复壮或更新。

3.对环境条件的要求

(1)温度　芦笋既耐热又耐寒，从亚热带到亚寒带均能栽培，但最适宜在四季分明的温带栽培。种子萌发适宜温度为 25～30 ℃。春季地温回升到 5 ℃以上时，鳞芽开始萌动；10 ℃以上嫩茎开始伸长；15～17 ℃适宜嫩芽形成；25 ℃以上嫩芽细弱，鳞片开散，组织老化；30 ℃嫩芽伸长最快；气温超过 30 ℃，嫩茎基部极易纤维化，笋尖鳞片散开，品质低劣；35 ℃以上嫩茎停止生长，甚至枯萎进入夏眠。冬季寒冷地区地上部枯萎，根状茎和肉质根进入休眠期越冬，处于休眠期的植株根系极耐低温。

(2)光照　芦笋喜光。光照充足，嫩茎产量高，品质好。

(3)水分　耐旱不耐涝，但在嫩茎采收期间，若水分供应不足，嫩茎变细，不易抽生，并且空心笋、畸形笋增多，散头率高，易老化，降低产量和质量。

(4)土壤营养　芦笋较喜土层深厚、有机质含量高、质地松软的壤土及沙壤土。土质黏重，嫩茎生长不良，畸形笋多。最适宜的土壤 pH 为 5.8～6.7。耐盐碱能力较强，土壤含盐量不超过 0.2%可正常生长。忌酸性和碱性土壤。需要氮肥较多，磷钾肥次之，缺硼易空心。

(三)芦笋的类型和品种

芦笋根据其产品嫩茎颜色可分 3 类：

1.绿芦笋

以早春萌发出地表的绿色嫩茎为产品，嫩茎呈绿色，多用于鲜食和速冻。我国自主选育的芦笋优良品种有鲁芦笋 1 号、芦笋王子、冠军、硕丰、金岭 85 等，进口优良品种有阿特拉斯、阿波罗、格兰德、吉利森林人、泽西巨人、泽西骑士等。

2.白芦笋

芦笋嫩茎经培土软化栽培而呈白色，一般用于罐藏加工。品种同绿芦笋。

3.紫芦笋

近几年新育成的品种。嫩茎呈紫色，是唯一一种适合生食的芦笋，因此又被称为水果型甜紫芦笋。其口感清香、甜脆多汁，在国外通常作为餐后水果食用，品种有紫色激情、井冈红等。

生产计划

芦笋为多年生宿根作物，一经种植可连续采收10～15年，因此，多作露地栽培。春秋两季均可播种。生产中多采用春播育苗移栽。有条件的最好采用春季设施育苗，可于当地初霜前60～80 d播种，初霜后定植于露地，当年秋季即可采收少量产品，第二年即可进入旺产期。绿芦笋也可进行大棚早熟栽培，即在已培育两年的根株上扣棚生产，比露地生产提早采收20～30 d。促成栽培则于11月挖掘根株，移栽于日光温室内，采收期自12月至翌年4月。

绿芦笋栽培方案

(一)育苗

每667 m^2 大田绿芦笋需成苗1 800株左右，需种子约60 g。芦笋种皮厚，并蒙有一层蜡质，吸水困难。因此，播前必须浸种催芽以利出苗。种子充分吸水后，置于28 ℃条件下催芽，2～3 d即可出芽。最好直接播于72孔穴盘或营养钵中，覆细土2 cm，上盖遮阳网(夏季)或地膜(春季)。温度控制在20～25 ℃，10 d左右可出齐苗(图8-4)。苗期保持土壤湿润，并注意除草，定植前7～10 d开始通风炼苗。日历苗龄50～60 d，幼苗10 cm高即可定植。

图8-4 芦笋幼苗

(二)整地施肥

芦笋喜光，年生长量大，需肥多，应选择阳光充足，地下水位低，排灌良好，土层深厚的壤土或沙壤土种植。避开前茬作物是百合科蔬菜、向日葵、甜菜、甘薯和果树的地块。

绿芦笋整地定植

定植前深翻土地，按南北向挖宽、深均为40 cm，沟距1.3～1.5 m的施肥沟。挖沟时将20 cm表土放在一侧，20 cm底土放在另一侧，沟内第1层用优质农家肥和表土拌匀回填20 cm，每667 m^2 用肥量5 000 kg，第2层用底层土拌化肥回填20 cm，用量为每667 m^2 施过磷酸钙30 kg，复合肥20 kg。然后在施肥沟上方起高15 cm，底宽65 cm的小高畦，耧平拍实。

(三)定植

定植时在畦面上开定植沟，营养钵育苗者苗坨较大，沟深8 cm，穴盘苗沟深5 cm即可。定植过浅易遭干旱，过深则易引起地下茎腐烂。按株距25～30 cm摆苗，每667 m^2 种植1 600～1 800株。芦笋定植后，随着生长年限的增加，鳞芽盘发育扩大，并呈扇形向一个方向扩展。因此，定植时应让鳞芽盘的伸展方向与定植沟的方向一致，以便使抽生的嫩茎集中着生在畦中央，便于培土和采收。摆苗时，将最先抽出的地上茎，也就是较矮细的一条，摆放在北侧，这样就能保证鳞芽伸展方向朝南。苗放好后，先覆少量细土，轻轻踏实，浇水，待水渗下合填平定植沟。每畦中央铺设一根滴灌带。

(四)田间管理

1.水肥管理

定植后因植株矮小，应及时中耕除草。如天气干旱，应适时浇水，雨季及时排涝，严防田间积水沤根死苗。秋季，芦笋进入旺盛生长阶段，应重施秋发肥，促进芦笋迅速生长。第 2 年及以后的采笋年，应重施春季的催芽肥和秋季采笋结束后的秋发肥。每次每 667 m^2 施有机肥 2 000 kg 以上，加复合肥 25 kg。在采笋期间，每隔 15～20 d 追施 1 次肥，每次每 667 m^2 施复合肥 8～10 kg 或相应的氮、磷、钾肥，防止偏施氮肥，氮肥过多会诱发茎枯病。施肥方法是在种植畦的两侧开沟施入。笋田四周开好排水沟、避免积水、造成烂根和茎芽腐烂。生长期间应经常中耕除草，保持土壤疏松。

2.植株整理

定植第 2 年，芦笋植株可长到 1.5 m 以上，为增强植株下部通风透光，宜控制植株高度在 1.2 m左右。剪去顶端部分，同时顺畦垄方向，间隔 2 m 立一竹竿，拉绳扶持，防止植株倒伏。对过于密集处，应适时疏枝，母株上结的果也应及早摘除。夏季高温干旱期间，可在植株基部的土面上盖草，以利降温保墒(图 8-5)。对于部分长势转衰的母茎，在 7 月底前剪除；另留健壮母茎，并剪除、烧毁病株、纤细枝、畸形枝、枯黄枝，以免病菌传播。

图 8-5　芦笋越夏期

3.留养母茎

芦笋定植第 2 年即可采收，但需注意留养母茎。一般每年有 2 个留养母茎的时期，一是早春出笋时可陆续选留粗壮新笋作母茎,1～2 年生植株每株选留 3～5 根,3 年生植株每株选留 5～7 根,4 年生可留 10 根,且要均匀分布,不要靠在一起。二是于当地初霜前 50～60 d,终止采笋,此时春留母茎开始枯萎,故可将此后生长的所有新笋,全部留作母茎培育。一年留养两次母茎,植株强健,根系发达,出土的嫩茎粗大,质量好。

4.收获

绿芦笋采收期较长,嫩茎陆续抽生,陆续采收。采收标准为:嫩茎长 20～25 cm,粗 1.3～1.5 cm,色泽淡绿,有光泽,嫩茎头较粗,鳞叶包裹紧密。采收稍迟,嫩茎顶部伸长变细,鳞叶松散,品质下降。采收时用采笋刀将嫩茎齐地面处割下,用湿布擦净附着在嫩茎上的泥沙。然后以茎长、茎粗进行分级、捆把、装袋(图 8-6)。绿芦笋露地栽培自定植后第 2 年开始采收,第 5～13 年为盛产期,以后产量渐减,应及时做好植株更新准备。

图 8-6 绿芦笋产品

白芦笋栽培方案

白芦笋培土和采收

(一)定植和培土

白芦笋宜稀植,一般定植行距 1.5～1.8 m,株距 35～40 cm。每 667 m^2 栽植 1 000～1 300 株,需种子 35～40 g。也可直接种植 1 年以上的宿根。栽培白芦笋,在采收前 10～15 d 时开始培土。选晴天将行间土壤耕耙 1 次,深 5～6 cm,晒 2～3 d 后粉碎土块。然后将行间土培至定植行上,共 3 次,每次培土的适宜时间是垄面出现裂纹,每次厚度约 8 cm,不可太厚。培土的高度依采收幼茎的规格而定,如采收幼茎的长度需 17 cm,培土的高度需 22 cm。整个垄面做成扁平的半圆形,表面要拍光拍实(图 8-7)。在北方冷凉地区,春季采收前期温度低,且易干旱,嫩茎生长缓慢,产量低,品质差。为了提高白芦笋产量及品质,可以一次性培土后,用幅宽适宜的塑料薄膜覆盖在垄面上,两边用土封严。当 20 cm 的土层地温超过 20 ℃时揭去薄膜。大面积栽培需采用机械化培土、覆膜。

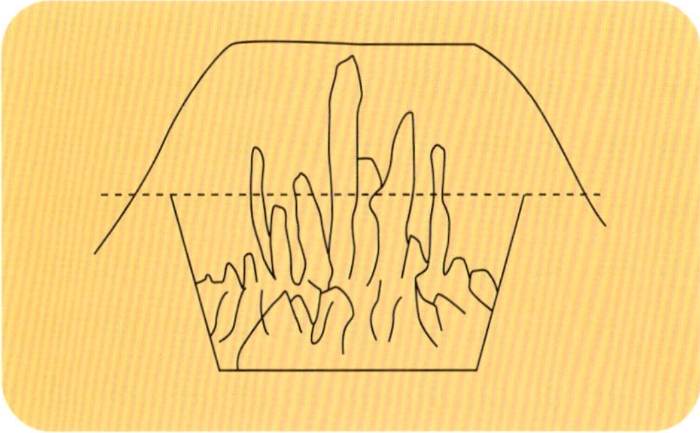

图 8-7 白芦笋培土示意图

(二)采收

采收白芦笋要求在早晨和傍晚进行,以免见光变色。看到垄面有裂缝时,在裂缝处用手扒开表土,见到幼茎的头部后,再扒去一点土,直至看到幼茎的生长方向。然后将右手中的采笋刀向着幼茎基部所在的方位扎过去,将刀柄向下撬,把幼茎撬出土。注意不可损伤地下茎和鳞芽。嫩茎放入筐中,盖潮湿黑布。每天早晚各收1次。收笋的同时,填平收割留下的笋洞。

(三)撤土

采收结束后选无雨天撤除培土,以防地下茎上移。撤土前开沟施肥,上盖撤下来的覆土。撤土后留高5 cm的低垄,使鳞芽盘上有15 cm高的覆土。撤土时将已出土的嫩茎全部割除,以免倒伏。

项目二 韭 葱

信息采集

(一)韭葱的栽培概况及应用价值

韭葱,别称扁叶葱,百合科葱属的1～2年生草本植物,原产于欧洲中南部。因其叶身扁平似蒜或韭,而假茎洁白如葱,故称韭葱。目前欧洲国家普遍栽培,20世纪30年代传入我国,部分省区有少量种植,多代替蒜苗食用。韭葱适应性很强,栽培容易,产品供应期长,可作为调剂补淡的蔬菜。近年来有少量产品用于脱水加工出口外销。

韭葱营养丰富,富含维生素和矿物质。其嫩苗、假茎和花薹可炒食、做汤或调料。经软化的假茎,类似葱白,风味尤其独特。韭葱具有较强的营养保健作用,与其他葱蒜类蔬菜一样,韭葱含有具有刺激性气味的挥发油和辣素,能祛除异味,产生特殊香气,并有较强的杀菌作用,可以刺激消化液的分泌,增进食欲。韭葱还有降血脂、降血压、降血糖的作用,如果与蘑菇同食可以起到促进血液循环的作用。韭葱含有微量元素硒,可降低胃液内的亚硝酸盐含量,对预防胃癌及多种癌症有一定作用。

(二)韭葱的生物学特性

1.形态特征

韭葱与常见葱蒜类蔬菜相似,为弦线状根系,根分布较浅,吸收能力弱。茎短缩成鳞茎盘,单叶互生,各叶叶鞘套生成假茎,外被膜质,白色。生长到第二年,地下部形成鳞茎,鳞茎单生,矩圆状卵形至近球状,有时基部具少数小鳞茎。叶为带状披针形,扁平肥厚,实心,略对褶,背面呈龙骨状,基部宽1～5 cm或更宽,长40～50 cm。叶色深绿,表面被蜡粉。花茎圆柱状,实心,高60～80 cm,近中部被叶鞘(图8-8)。伞形花序球状,每个花序有小花800～3 000朵,淡紫或粉红色,小花丛生。种子有棱,黑色,千粒重2.8 g左右。种子生活力弱,不耐贮藏,生产上需用当年种子。

图 8-8　韭葱的带状叶

2.生长发育周期

韭葱的生育阶段和大葱相似，可分为营养生长阶段和生殖生长阶段。营养生长阶段包括发芽期、幼苗期、发棵期、假茎充实期、贮藏越冬休眠期，秋播时需经历冬前苗期、幼苗越冬期、返青期，进入旺盛生长期；春播幼苗出土后很快进入旺盛生长期(图 8-9)。生殖生长阶段包括抽薹期、开花期和种子成熟期。

图 8-9　韭葱发棵期

3.对环境条件的要求

(1)温度　韭葱适应性强，既耐寒又耐热，适宜生长在日温 15～25 ℃，夜温 12～13 ℃的环境条件下。能忍受 38 ℃的高温和 －10 ℃的低温，在 －20～－15 ℃低温下其地下鳞茎不致冻坏，在北纬 40°及以南地区可露地越冬。韭葱属绿体春化型蔬菜，幼苗在 5～8 ℃下通过春化，开始花芽分化，在 18～20 ℃和长日照条件下抽薹开花。

(2)光照　韭葱属于长日照植物，在低于 9 h 日照的条件下不易抽薹，当通过春化阶段又在 10 h 以上的长日照条件下才容易抽薹开花。生长期喜中等强度的光照，具有一定的耐阴性。

(3)水分　要求较高的土壤湿度和较低的空气湿度，根系怕涝。

(4)土壤及营养　对土壤适应性广，但因韭葱根系吸肥力弱，所以宜选用疏松肥沃，含有机质丰富的壤土为好。韭葱喜微碱性土壤，适宜 pH 为 7.7～7.8。韭葱需肥量较多，除施用充足的氮、磷、钾肥料外还应补充钙、镁、硫等中微量元素肥料，尤其是硫元素不能缺乏。

（三）韭葱的类型和品种

我国韭葱较少，品种也很少。较著名的是河北邯郸韭葱。目前栽培的还有从国外引进的美国花旗、美国鸢尾、伦敦宽叶等品种。

生产计划

韭葱喜冷凉气候条件，以春秋两季种植为主。在华北和东北南部（年无霜期约 200 d 的地区），露地栽培均可于 3—4 月播种育苗，5—6 月定植，7—8 月收获嫩苗，10—11 月初冬收获假茎。在无霜期较短的冷凉地区春季育苗应在保护地进行，增加田间生长的时间以获得较充实的假茎和产量。对于冬季不太冷的地区，也可在春末、夏初露地直播，当年间拔采收嫩苗，留下大株来年春季收获假茎，初夏收获花薹。或于 9 月播种，以幼苗越冬，第 2 年 3—4 月定植，2～3 个月后可陆续收获上市。

利用设施进行秋冬茬栽培，一般于 5 月播种育苗，8—9 月定植，可于元旦、春节供应市场，经济效益较好。

韭葱日光温室秋冬茬栽培方案

（一）播种育苗

日光温室秋冬茬栽培韭葱，可采用露地育苗。

1.苗床准备

苗床宜选用肥沃的沙壤土，栽植 667 m^2 温室需准备 120 m^2 的苗床。播种前 15 d 结合整地每 667 m^2 苗床施入充分腐熟的有机肥 3 000 kg，深翻细耙，整平后做成宽 1.5 m，长 6～8 m 的平畦。

2.种子处理

每 10 m^2 苗床播种量为 35～45 g。播种前将种子放入清水中搅拌，捞出秕粒，然后用温汤浸种 15 min，待水温自然下降至室温后，继续浸种 24 h。种子吸足水分后捞出稍晾干。

葱蒜类弓形出土

3.播种

播种时在畦面按 10 cm 距离开沟，沟内浇足底水，然后均匀撒种，再耧平播种沟。由于韭葱跟其他葱蒜类蔬菜一样，都是“弓形出土”，幼苗顶土能力弱，播种后畦面需覆盖湿草或无纺布，保持土壤湿润。

4.苗期管理

7～8 d 后幼苗出土，当苗高 5～6 cm 时间苗，苗高 30 cm 以上，假茎粗约 1 cm 时，即可陆续定植，栽苗前 2 d，苗床浇透水，以便起苗。

（二）整地定植

定植前每 667 m^2 撒施腐熟农家肥 3 000 kg，磷酸二铵 25 kg，深翻细耙。

1.以假茎为产品的定植方法

一般采用沟栽，便于培土软化。定植前按 55 cm 行距开定植沟，沟深 20～25 cm。定植前先选苗，实行大小苗分栽。大苗稍稀，小苗稍密。然后按 8～10 cm 行距栽苗，深度以不埋入小苗心叶为主，栽后浇水，每 667 m^2 定植 15 000 株。

2.以嫩苗为产品的定植方法

整地施肥做成宽 1 m 的平畦，栽苗时先按 18～20 cm 行距开浅沟，按 6～8 cm 株距栽苗，然后立即浇水，每 667 m^2 栽苗 40 000 株左右。

（三）田间管理

1.温湿度管理

定植后随着外界温度的下降，应及时扣棚并加盖草苫，以保证韭葱的正常生长。冬季室内白天气温超过 28 ℃进行通风，下午降至 22 ℃关闭风口，夜间温度控制在 12～15 ℃。每次浇水应选择晴天的上午，浇水后不要立即放风排湿。要利用中午的高气温带动地温提高。到 13:00 时左右再通风排湿。

2.水肥管理

定植 4～5 d 后再浇 1 次缓苗水。缓苗后中耕浅锄，促进发根。韭葱进入发棵盛期后，对水肥的需要增加，要结合灌水进行第 1 次追肥，每 667 m^2 施有机肥 1 000～1 500 kg，或追尿素 10～15 kg。第 2 次追肥在假茎生长盛期。每 667 m^2 施尿素 10 kg 或复合肥 15 kg，结合浇水进行。此期要保持土壤湿润，以满足假茎生长的需要。

3.培土软化

韭葱以软化叶鞘部即假茎供食，为提高假茎长度，改善品质，应进行培土软化，可在假茎粗达 2～3 cm 时，进行分次培土。每次培土间隔 10 d，培土深度以不超过叶鞘部与叶身交叉处为宜，切不可埋住心叶，以免影响生长。在收获前 30 d 停止培土。每次培土可结合追肥进行。

图 8-10　以假茎供食的韭葱产品

4.采收

为获取较高的栽培效益，一般应在元旦、春节前后采收（图 8-10）。采收前半个月左右要浇 1 次透水，保证韭葱鲜嫩可口。

项目三　黄秋葵

信息采集

（一）黄秋葵的栽培概况及应用价值

黄秋葵，又称羊角豆，是锦葵科秋葵属的 1 年生或多年生草本植物。原产于非洲，为多年生草本植物，在我国北方气候条件下作1年生栽培。目前在非洲的许多国家及美国、日本等栽培较多。我国引入黄秋葵的历史较短，只作为特菜小面积栽培。

黄秋葵以嫩果供食，口感嫩滑，其中含有一种特有的黏状物质（果胶、半乳聚糖、阿拉伯树胶等混合物），能帮助消化，且具有保护肠胃、肝脏和皮肤黏膜的作用，对胃炎、胃溃疡有一定疗效，在国外作为运动员的首选蔬菜，也是老年人的保健食品。黄秋葵嫩果中无机盐含量、维生素B_1、维生素C的含量均高于菜豆。它的嫩果适用于多种烹饪，在西餐中是做辣酱油、菜汁的良好原料，也可凉拌、炒食、做汤或炖食。

（二）黄秋葵的生物学特性

1.形态特征

黄秋葵的根为直根系，主根比较发达。茎直立，木质化程度较高，株高0.5～2 cm，侧枝较少。叶片大，互生，叶柄长，呈掌状3～5裂。第3片真叶以上各叶腋均可着生1朵花，花冠黄色，花瓣基部呈暗红色，花朵充分展开后直径可达4～8 cm。花瓣萼片各5个，花萼表面有少量茸毛。两性花，雄蕊包被于雌蕊周围，雌蕊柱头长于雄蕊，柱头呈暗红色，密生绒毛并有黏液（图8-11）。果实为蒴果，因品种不同而形态各异。长圆柱类型的5～9棱，长20～25 cm，粗1.0～1.5 cm；短圆柱形的长8～10 cm，粗2.0～2.5 cm，中间型的有圆柱形也有多棱形，长10～15 cm，纤维少，作蔬菜栽培最好。果荚最初呈绿色，果表面密生软茸毛，生理成熟时呈黄色，最后变褐，自然开裂。子房5～11室，1室7～30粒种子，平均每果结籽47～180粒。种子近球形，直径4～6 mm，种皮呈灰绿色。种子发芽年限为3～5年，每克种子15～18粒。

1　　　　2

1.植株　2.花

图8-11　黄秋葵形态特征

2.生育周期

(1)发芽期　从播种到2片子叶展平，需10～15 d。适宜温度下（25～30 ℃）播后4～5 d即可发芽出土。

(2)幼苗期　从2片子叶展开到第1朵花开放为止，需40～45 d。2片圆形子叶充分展开后，再经过15～25 d，第1片真叶展开。以后平均2～4 d展开1片真叶，第1～2片真叶呈圆形。

(3)开花结果期　从第1朵花开放到生产结束，需90～120 d。黄秋葵发芽出苗后经过50～55 d，第1朵花便在主枝3～5节处开放，以后依次向上开放，间隔约1 d。花一般在早晨开放，10:00～11:00时完全开展，12:00时以后开始闭合，至16:00时完全关闭。自然杂交率较高，开花到生理成熟通常需 50 d 左右。植株开花结果后生长速度加快，长势增强。在正常情况下，播种后 70 d 左右开始第 1 次收获，第 1～2 朵花从开花到收获所需天数稍长。以后随温度升高，收获天数缩短。适宜温度(白天 28～32 ℃，夜间 18～20 ℃)下开花后 4 d 即可收获。

3.对环境条件的要求

黄秋葵喜温喜光。25 ℃以上温度条件下生育良好，不耐低温，10 ℃以下植株生长停止，遇霜则冻死；种子发芽适温 28～30 ℃；黄秋葵对土壤适应性强，一般土壤能良好生长；耐旱力较强。

(三)黄秋葵的类型和品种

黄秋葵按茎秆和果实的颜色可分两种类型，即黄秋葵和红秋葵(图 8-12)。黄秋葵按果实外形可分为圆果种和棱角种；依果实长度又可分为长果种和短果种；依株形又分矮株种和高株种。矮株种株高 1 m 左右，节间短，叶片小，缺刻少，着花节位低，早熟，分枝少，抗倒伏，易采收，宜密植。高株种株高可达 2 m 以上，果实浓绿，品质好。

1

2

1.黄秋葵　2.红秋葵

图 8-12　秋葵结果期

生产计划

黄秋葵为喜温性作物，露地栽培需在无霜期内进行，但露地栽培空气湿度小，果荚极易老化。可利用温室大棚进行提前延后或越冬栽培，设施栽培小气候环境空气湿度大，有利于保持果实鲜嫩。塑料大棚春早熟栽培可于 3 月下旬定植，5 月中下旬开始采收(图 8-13)。

图 8-13　大棚栽培的黄秋葵

黄秋葵塑料大棚春早熟栽培方案

1.播种育苗

塑料大棚春早熟栽培，可于 2 月中旬在日光温室播种。选用 50 孔或 72 孔穴盘，按草炭：珍珠岩：蛭石＝1：1：1 配制育苗基质。黄秋葵种皮硬发芽困难，播种前种子用 30～35 ℃水浸种 24 h，然后用纱布包好放在 25～30 ℃下催芽，4～5 d 即可出芽。单孔点播，覆土厚约 1 cm。播后保持苗床温度 25 ℃，一般 4～5 d 就可出苗。幼苗期需水量不大，保持基质见干见湿。幼苗具有 2～3 片真叶时定植，苗龄 30 d 左右。

2.整地定植

提前 1 个月扣棚膜暖地，土壤化透后，结合整地每 667 m^2 施入优质农家肥 5 000 kg，磷酸二铵 20 kg。垄作或畦作，畦上覆透明地膜，土壤 10 cm 处地温稳定在 10 ℃以上即可定植。定植株行距 40 cm×50 cm。

3.田间管理

(1)水肥管理　第 1 朵花开放前尽量控制浇水，以防地温过低。进入结果期加强水肥管理，在大多数植株收获1～2个嫩果后开始追肥。通常每次每667 m^2追施尿素4～6 kg，每隔10～15 d追施1次。生长中后期应注意防止植株早衰。

(2)植株调整 及时去掉基部侧枝和下部老叶，改善植株底部的通风透光条件，减少病虫害的发生。第1朵花开放时，植株较小，可直接疏掉，促进茎叶生长，以利于植株中上部多结优质嫩荚。主茎长至16片叶时摘心，促进侧枝结果。

4.采收留种

(1)产品采收 黄秋葵需及时采收，收获过晚果荚硬化品质降低。通常开花后4～7 d，果荚长5～10 cm，单果重12 g左右，果实肉质柔软无纤维化，荚内种子白嫩时采收为佳。采收时必须用剪刀剪断果柄，否则极易损伤植株。

(2)留种 留种要选择生长发育旺盛，开花早、结果早，果荚形状正，无畸形、果荚变硬的时间长，品质好的优良单株留种。前期与中期的果荚留种，霜前40 d以后开花形成的嫩荚要及时采摘，这样有利于中下部荚果成熟。种株长到1.5 m高时进行摘心，使水分和养分较为集中输入果实和种子，促使种子饱满。留种果实在果皮完全变褐，出现轻微裂痕时采收。后熟5～7 d即可破荚取种。采收过早种子未充分成熟，影响质量；采收过晚种荚开裂，种子易丢失。

秋葵食谱

凉拌秋葵 将嫩果去蒂后，放入沸水中焯1 min后，迅速捞出浸入冷水中冷却，沥干水分，切成薄片或细丝，然后加调料和虾肉凉拌。

炒秋葵 黄秋葵可与甜椒、肉片、鱼片、虾仁同炒，待配料快熟时，放进焯过的黄秋葵细丝，加适量调味品，用猛火快炒。其味脆嫩可口，并有类似麝香的香味。

黄秋葵汤 先将鱼或肉类切成薄片，用适量的盐、酱油、白糖、胡椒粉、淀粉、料酒等腌渍数分钟，待水开后先将鱼片或肉片下锅，八分熟时放进预先切好的黄秋葵片，煮沸后即成为味鲜可口的黄秋葵汤。

项目四 朝鲜蓟

信息采集

(一)朝鲜蓟的栽培概况及应用价值

朝鲜蓟，别称洋蓟、洋百合，菊科多年生草本植物，是菜蓟的栽培变种。原产于地中海沿岸，以西班牙、法国、意大利、美国加州和我国台湾栽培较多，虽然朝鲜蓟在上海郊区有近百年的栽培历史，但一直没有普及。近年来，随着特菜栽培的发展，全国各地都有少量引种栽培。朝鲜蓟头状花序(花球)上肥嫩硕大的花托和苞片的肉质部是上等菜肴，近年来美国和西欧国家对其需求量不断增大。其产品器官除含有维生素、矿物质等营养物质外，还含有菜蓟素、黄酮类化合物及天门冬酰胺等物质，能增强肝、肾功能，增加胆汁分泌，促进氨基酸代谢，降低胆固醇，具有一定的保健作用。

(二)朝鲜蓟的生物学特性

1.形态特征

朝鲜蓟为多年生宿根植物,株高 1.0～1.5 m,开展度 1.5 m 左右。根系发达,主要根系分布在 20～40 cm 土层内。茎直立,抽薹前为短缩茎,基部腋芽易发生分蘖,现蕾后茎节伸长。叶根出,叶片大而厚,叶面密布白色茸毛。初生真叶全缘,以后叶片渐有浅裂,第 9 片叶以后为羽状深裂,裂尖有刺。经春化后抽生出粗壮花茎,高达 1m 以上。主茎上又可抽生次级花枝,花枝顶端着生头状花序,直径 10～15 cm。花蕾椭圆形,外有苞片包裹,幼蕾绿色,后逐渐变为紫红色。苞片内是肉质花托(花盘),盘上密生小花蕾,管状花蓝紫色,异花授粉(图 8-14)。种子较大,瘦果,长卵形,灰褐色。千粒重 50 g 左右。种子外被硬壳,故能保持较长时间的发芽年限。

1　　2　　3

1.植株　2.花蕾　3.盛开的花

图 8-14　朝鲜蓟形态特征

2.对环境条件的要求

朝鲜蓟喜温暖湿润气候,地上部分耐寒耐热性都不强,温度高于 30 ℃,叶片枯黄;遇－1 ℃低温花蕾即受冻害。地下根株耐寒,在长江流域可露地越冬。种子发芽适宜温度 25 ℃,植株生长适宜温度 20～25 ℃，温度超过 25 ℃花蕾早熟，提早开花，造成减产。种子春化型植物，植株须经过一个低温春化阶段，才能抽生花茎，形成产品器官。朝鲜蓟喜强光，花茎抽生时，阳光充足则叶大茎粗，花蕾多，产量高。耐旱不耐湿，低洼地易积水生长不良。对土壤要求不严，以排灌良好的壤土种植易获高产。

(三)朝鲜蓟的类型和品种

1.菜用型

花茎较矮，高 1 m 左右，分枝少，每茎约有 3 个分枝，花蕾浓绿色，花盘肉厚，品质好。主要品种有绿球、公鹿等。

2.花用型

花用类型植株花茎高 1.5～2 m，分枝多，花多，但花蕾小而尖，花盘肉薄，不适食用，专供切花栽培(图 8-15)。

图 8-15　花用朝鲜蓟

生产计划

朝鲜蓟为多年生草本植物，一旦栽植可收获 10～15 年，一般 4～5 年更新 1 次，以保证产量(图 8-16)。对于宿根难以露地越冬的北方寒冷地区，可当年播种当年收获，作 1 年生栽培。

1.春季播种翌年收获

春季播种育苗，植株经夏季、秋季生长后，冬季地上部枯死，宿根越冬并通过春化后，第 2 年春季根株发棵生长，5—6 月抽生花茎，完成 1 个周期需 15 个月左右。在南方，根株可露地越冬或培土越冬；北方地区，根株需覆盖保护越冬，或将宿根挖出贮于地窖中，第 2 年春再栽于大田。

图 8-16 大面积栽培的朝鲜蓟

2.秋季分株翌年收获

秋季用分株繁殖，植株成活后，以宿根越冬，第 2 年春夏季抽生花茎，生长期约 7 个月。

3.春季播种当年收获

播种当年收获产品者，需将已出芽的种子置于 0～1 ℃冰箱中，并保持一定湿度，处理 15～20 d 后再播种。东北地区可于 4 月在温床内播种经低温春化的种芽，5 月定植，当年 7—8 月份抽薹现蕾，生长期 3～4 个月。

朝鲜蓟露地栽培方案

(一)种苗繁育

1.种子繁殖

朝鲜蓟种皮较厚，播种前应先用 60 ℃的温水烫种 15 min，然后在室温下浸种 12 h，置于 28 ℃恒温箱内催芽。出芽后直接播于穴盘，置于催芽室中，温度控制在 25～28 ℃。出苗后移至育苗温室，温度降至 20～25 ℃，苗期水分管理宜干忌湿。苗龄 35 d 左右，幼苗具 4～5 片叶时即可定植。

2.分株繁殖

秋季在健壮的根茎部将分枝连根切下，用刀切去顶部叶片，留下 22～26 cm 长的枝条，扦插繁殖。为使分枝健壮，成活率高，可把带根分枝集中在一起培育，成活后第 2 年春季种植。

(二)整地定植

作多年生栽培者，定植前应深翻土地，施足基肥，每 667 m^2 施优质农家肥 5 000 kg，过磷酸钙 40 kg，草木灰 100 kg，肥料最好深施于定植沟底部。为防止雨季积水烂根死苗，可进行高垄培土栽培。株行距 80 cm×100 cm，每 667 m^2 栽苗 700～800 株。当田间温度稳定通过 17 ℃时即可定植于大田。

(三)田间管理

1.中耕

定植后连续中耕 2～3 次，提高地温，促进根系发育。

2.水肥管理

朝鲜蓟 5 年为 1 个生产周期，故除充足基肥外，每年必须及时补施追肥。定植后株高 30 cm 左右时，每 667 m^2 施复合肥 20～30 kg，促进发棵。现蕾初期，每 15～20 d 追施尿素 20 kg，促进花蕾生长。采蕾中后期施尿素 20 kg，复合肥 20 kg，防止植株早衰。采蕾期是需水最多的时期，一般 6～9 d 浇 1 次水，保持田间湿润，防止因缺水降低花蕾品质。雨季要及时排水，防止烂根。

3.植株整理

朝鲜蓟植株高大，后期要及时清理老叶，以利通风透光。

(四)采收留种

朝鲜蓟于现蕾后 10～13 d 采收，第 1 次采收应提前 2～3 d，以促进次级花蕾的生长。采收期长达 1～2 个月，采收标准以花蕾充实而花瓣尚未展开，鳞片排列紧密，整个花蕾全绿色为最佳(图 8-17)。花苞作为鲜菜上市以 200～250 g 为宜，制罐头则以 50～100 g 为宜。菜用种每株可抽生 2～3 个花茎，每茎着蕾 2～3 个，每 667 m^2 可采花蕾 5 000～6 000 个。罐用种每株可抽花茎 3～4 个，每茎着蕾 4～5 个，每 667 m^2 可采 8 000～10 000 个。采收最好于早晨进行，采收时自花茎基部割下，以利植株分蘖。采后用湿布包盖遮阳，防止花蕾老化。多年生栽培的朝鲜蓟定植后 2～3 年为盛产期。

图 8-17　朝鲜蓟产品

可选用生长健壮，花蕾硕大的植株留种，种株雨季要做好防雨工作，以提高结实率。

(五)采后管理

1.促发分蘖

采收完毕，立即将根际表土挖开，在距土面以下 10 cm 处将植株割断，然后将土盖平，再用割下的茎叶覆盖土表，降土温，以利于根际萌发出粗壮蘖芽。如齐土面割去茎叶，虽抽生的蘖芽多，但细弱，翌年产量低。9 月底至 10 月初，每株选留最粗壮分蘖 1 个，其余摘除，或供繁殖用。

2.护根越冬

每年越冬前，温暖地区要用稻草束叶，根际培土防冻。冬季土地上冻地区，可于封冻前

10 d，割去地上茎叶，刨垄晒墒，降低土壤水分，然后在植株基部培土 10 cm 厚，并加盖草苫、小拱棚等覆盖物保护越冬。

项目五 豆瓣菜

信息采集

（一）豆瓣菜的栽培概况及应用价值

豆瓣菜别称西洋菜、水田芥等，属十字花科 1～2 年生水生植物，原产于欧洲和南亚热带地区，19 世纪引入我国，在广东省普遍栽培。豆瓣菜以嫩茎叶供食，其味甘苦，能清燥润肺，止咳化痰，利尿，用于治疗肺结核、肺热、痰多咳嗽、皮肤瘙痒等多种疾病。豆瓣菜食用方法很多，可素炒、荤炒、做沙拉、火锅配菜，清香爽滑，深受人们喜爱。

（二）豆瓣菜的生物学特性

1.形态特征

豆瓣菜浅根系，须根多，再生能力强。植株高约 30 cm，茎粗 0.4 cm，匍匐或半匍匐状丛生（图 8-18）。茎具多节，茎节多发生不定根，根细小，幼根白色，老根黄色；茎中空，表绿色，圆形，分枝多；叶互生，每节 1 叶，为奇数羽状叶，小叶 1～4 对，卵圆或近圆形，宽约 2 cm，顶端小叶较大，深绿色，气温低时为暗紫色（图 8-18）；花小，两性，总状花序。角果长 1.5～2 cm，内含种子 30～40 粒，种子细小，扁椭圆形，棕褐色，千粒重 0.15 g。

1

2

1.植株　2.叶片

图 8-18　豆瓣菜形态特征

2.对环境条件的要求

豆瓣菜喜冷凉湿润环境，耐寒不耐热。生长发育适温为 15～25 ℃，15 ℃以下生长缓慢，能忍耐短时间霜冻；30 ℃以上植株生长迅速，但植株纤弱，不定根多，叶片易黄化，品质差。喜光，每天需光照 7～8 h。生长期间要求浅水和空气湿润，生长盛期保持 5～7 cm 即可。过深，植株徒长，不定根多，茎叶变黄；过浅，新茎易老化，影响产量和品质。对土壤适应性较广，以沙壤土最宜，适应中性或微碱性土壤，要求耕作层 10～12 cm 及以上，不宜连作。

(三)豆瓣菜的类型和品种

豆瓣菜有 2 个种，一为二倍体，栽培比较多；一为异源四倍体，栽培较少。我国栽培的可食品种分为开花的和不开花的 2 个类型。两者形态特征无甚差异，能结籽的品种也因采种量少，故多以营养繁殖为主。优良品种有百色豆瓣菜、广州豆瓣菜、英国豆瓣菜、江西豆瓣菜、云南豆瓣菜等。

生产计划

(一)露地栽培

露地栽培宜选择气候凉爽的春秋两季。春季要在 4 月中下旬种植，5—6 月采收，秋季在 8 月上中旬种植，9—10 月采收。夏季需选择气候凉爽的山区栽培，5—6 月栽种，6—9 月连续采收。

(二)塑料拱棚栽培

每年春秋两季利用塑料中棚或小拱棚提前或延后栽培，比露地栽培可提早或延迟采收 1 个月左右。

豆瓣菜露地栽培方案

1.种苗繁育

豆瓣菜以扦插繁殖为主。利用豆瓣菜茎节再生不定根能力强的特点，截取其茎扦插很容易成活，对不开花结果品种的繁殖极为方便。北方地区留种母茎可在温室内越冬，栽植前只要割取约 5～6 节、长 12～15 cm 的粗壮嫩茎移栽即可。一般每 667 m^2 留苗田能栽 3 000 m^2 大田。

2.整地定植

选择地势较低，排灌方便，土壤疏松肥沃的低洼地，施入基肥，每 667 m^2 施腐熟的有机肥 3 000～4 000 kg，幼苗 15～20 cm 高即可定植田间，株行距为 12 cm×12 cm，一埯 3 苗卧式栽入，栽植深度为 3～5 cm。种苗不足时可将健壮的种苗剪成段，每段保留 2～3 节，按规定的株行距斜插入土中。

3.田间管理

(1)旱地栽培 定植后要使土壤常保持湿润，高温炎热天气时避免正午时强光下浇水，要在早晚浇水；遇大雨要及时排水，防止淹泡植株以免烂茎；设施栽培主要控制好温度，尽力增加光照，防止受冻害。定植成活后，立即追施速效氮肥，每 667 m^2 追尿素 5 kg，追肥后立即浇水。以后每采收 1 次，追施肥 1 次。为减少菜体内硝酸盐的残留，最好选用沼液、鸡粪浸出液等有机氮肥追施。

(2)水田栽培 定植初期应保持 2 cm 深的浅水，以利发根。待植株进入生长旺盛期，水层逐渐加深到 5～7 cm。若天气晴暖，气温超过 25 ℃，下午浇凉水早晨排出，以防烫伤嫩芽。冬春气温低于 15 ℃时，应保持 3 cm 水层，保温防寒。与旱地栽培相同，应每采收 1 次，追施 1 次氮肥。

豆瓣菜主要虫害有蚜虫、小菜蛾等，可灌水驱虫，将水灌满畦面，待虫死后随水排出。

4.采收

豆瓣菜生长周期短，新生茎叶的生长过程即是产品器官的形成过程。当植株高度达 25～35 cm时，便可采收上市，绑成小把上市。每 20～30 d 可采收 1 次。如不及时采收，茎叶生长茂密易徒长或纤维化。茎节易发生不定根，会降低产品质量。豆瓣菜的采收有 2 种方法：一种是逐株采收嫩梢；另一种是隔畦成片齐泥收割，收一留一（图 8-19），收后除去残根老叶，理齐捆好后上市（图 8-20）。前者花费功夫多，但产品质量高，植株损失小，恢复快，进入第 2 次采收的时间短。后者用工少，产量高，但采后整理费工，品质稍差，采后恢复期较长。

图 8-19　隔畦收获的豆瓣菜

图 8-20　豆瓣菜产品

拓展阅读

菜用仙人掌　拉美国家的传统食物，可食部分中含有人体所必需的氨基酸和多种微量元素，具有清热解毒，消炎解暑，舒筋活血，健胃补脾等作用，可增强人体免疫力，对某些癌症、心脑血管疾病和糖尿病等有一定疗效，被称为“绿色的金子”。菜用仙人掌生长迅速、含水多、纤维细、营养丰富，食用清爽脆嫩，口感清香，食法多样，凉拌、热炒、炖煮等均可（图 8-21）。

图 8-21　菜用仙人掌

食用大黄 别称圆叶大黄、酸菜，蓼科大黄属中以叶柄供食的多年生草本植物，原产于我国内蒙古。目前在欧洲和北美广泛栽培，我国栽培面积较小。食用大黄喜冷凉，生长适宜温度为 18～22 ℃，耐寒性强，成株能耐－4 ℃的低温，地下块茎能耐－20 ℃的低温，可作多年生栽培。叶柄富含大黄素、大黄酚等生物活性物质，具有较强的抑菌、消炎、降血压、降血脂等作用，是一种食药兼用的保健蔬菜（图 8-22）。叶柄可撕去外皮生吃，味酸爽口，或切段蒸熟后再加糖溜炒，味似山楂、酸甜适口。欧洲、美洲以叶柄煮熟滤渣后制成果酱、糕点馅，也可用于酿酒或加工饮品。

图 8-22 食用大黄花蕾

藤三七 又称落葵薯、土三七、洋落葵等，落葵科落葵薯属的多年生蔓性植物。原产于巴西，作为一种药用植物或野生蔬菜（图 8-23），在我国南方种植较多。其嫩梢称为金丝菜，叶称三七叶。藤三七喜温暖气候，遇霜则枯萎，在北方温室内可长年栽培。通常以采收嫩梢或叶片为产品，富含铁和硒，具有散淤止痛、除风祛湿、降低血脂、血压、补血活血、抗癌防老等功效。可制作多种菜肴，可炒食、凉拌、煲汤等。珠芽和块茎可炖肉、炖鸡，作滋补保健食物。除土壤栽培外，可作水培、盆栽、绿篱栽培，是一种值得开发的保健蔬菜。

1 2

1.叶片 2.花序

图 8-23 藤三七

菜芙蓉 又称金花葵，锦葵科秋葵属 1 年生草本植物，是濒临灭绝的珍稀植物。其花和嫩果均可食用，具有一定的保健作用。株高 2 m 左右，具粗壮肉质根，茎基部木质化，每株开花数十朵，花大如碗，色彩艳丽，芳香扑鼻，味美可口，可直接入口鲜食，也可凉拌、热炒、做汤或掺面食食用，或以花泡水代茶（图 8-24）。菜芙蓉的鲜花中含有生物黄酮、全价蛋白质、高聚糖胶、维生素 E 等营养物质，具有调节人体内分泌，延缓衰老，提高人体免疫力，改善心脑血管及微循环功能等功效。其嫩果可凉拌、煎炒、做汤、做馅等，种子加工成油脂可入药，对治疗烫伤和烧伤有显著效果。

图 8-24　菜芙蓉花

单元小结

本单元介绍的特菜包括我国传统多年生蔬菜、木本蔬菜、杂类蔬菜。有的用种子繁殖，有的用营养体繁殖。上述蔬菜营养价值高，栽培技术要求不高，在满足植株生长环境条件下，进行精细管理，充足水肥，即可获得高产。其食用器官多样，产品市场销售价格较高，经济效益较好。

单元自测题

1.简述芦笋的培土和施肥要点。
2.芦笋怎样留养母茎？
3.简述白芦笋定植和培土技术要点？
4.白芦笋怎样采收？
5.简述日光温室秋冬茬韭葱田间管理技术要点。
6.如何培育黄秋葵壮苗？
7.简述黄秋葵采收留种技术。
8.朝鲜蓟的繁殖方式有哪些？
9.简述朝鲜蓟采收后田间管理技术要点。
10.豆瓣菜旱地栽培怎样进行田间管理？

单元九 野生蔬菜

知识点 野生蔬菜的种类及其应用价值；几种野生蔬菜的生物学特性和品种类型；几种野生蔬菜的人工栽培技术。

技能点 蒲公英根株繁殖；大叶芹种子繁殖；蒌蒿繁殖；桔梗播种；刺嫩芽温室促成栽培。

职业素养 自主学习，触类旁通；躬身实践，知行合一；创新思维，合作意识。

野生蔬菜是指在自然状态下生长、未经人工栽培的蔬菜。我国地域广阔，野生蔬菜资源十分丰富，据不完全统计，常见野生蔬菜就有近150种。野生蔬菜亦蔬亦药，大多数野生蔬菜都具有一定医疗保健价值。我国传统野生蔬菜种类还处于自采自食或零星销售阶段，采摘野生蔬菜季节性强，无法做到周年供应，而且过度采摘会导致自然资源严重破坏。野生蔬菜进行人工栽培，并结合设施生产能满足野生蔬菜的周年供应。当前人工栽培野菜已成为调整农业产业结构，促进农业经济发展的一种新兴产业。

项目一 蒲公英

信息采集

（一）蒲公英的栽培概况及应用价值

蒲公英，别称婆婆丁、黄花地丁，菊科多年生草本植物，全株含有白色乳汁。其全草可食，能清热解毒、消肿散结，并具有一定的抗感染作用，可用于治疗上呼吸道感染、流行性腮腺炎、急性支气管炎、咽喉炎、眼结膜炎、胃炎、胃溃疡等炎症，同时可清肝明目，对胆囊炎及结石症也有一定疗效，被称为中药的八大金刚之一。蒲公英可生食、凉拌、炒食、做汤、炖菜等，其淡淡的苦味别具特色。

(二)蒲公英的生物学特性

1.形态特征

蒲公英属直根系，主根发达，根系再生能力较强。叶平展，丛生成莲座状，叶片狭长倒卵形，长约 10 cm，宽 3 cm，叶缘有羽状深裂或浅裂。北方地区 5 月中、下旬植株抽生花茎，顶端着生头状花序，开黄色或白色舌状花；头状花序在成熟时，形似白色绒球（图 9-1）。瘦果长卵形，具有冠毛，褐色或黑褐色，种子千粒重 0.8～1.2 g，发芽力约 2 年。

1 2 3

1,2.花　3.瘦果

图 9-1　蒲公英的花和果实

2.对环境条件的要求

蒲公英适应性广，抗逆性强，植株既抗寒又耐热。早春地温达到 1～2 ℃时可萌发，种子发芽适宜温度为 15～25 ℃，当温度达到 30 ℃以上时发芽缓慢，叶片生长适宜温度为 20～22 ℃。蒲公英既喜光又耐阴，耐旱又耐涝。对土壤的适应能力较强，可以在各种土壤中生长，但在肥沃、湿润、疏松、有机质含量高的土壤中进行栽培容易获得高产。

(三)蒲公英的类型与品种

蒲公英适应广泛，生命力顽强，在全国各地均有不同类型的蒲公英，在植物学上蒲公英属约有 100 种,我国约有 60 种,包括野生种和栽培种(图 9-2)。

1　　　　2

1.野生种　2.栽培种

图 9-2　蒲公英品种类型

1.野生种

叶平滑长形,基部略有缺刻。如白花蒲公英、华蒲公英、川藏蒲公英、川甘蒲公英、辽东蒲公英、东北蒲公英、极小蒲公英、白缘蒲公英、紫花蒲公英、亚洲蒲公英、芥叶蒲公英、多裂蒲公英、红梗蒲公英等。

2.栽培种

叶多皱缩,叶柄多肉,叶数增加,心叶自然软化,叶色有黄绿、浓绿之别。包括以下 3 种类型。

(1)苔藓形叶蒲公英　为卷曲叶品种,外形似花叶苦苣,早熟,卷曲的莲座叶紧密丛生。叶片羽状深裂成狭窄的细长条,基部白化,是补充早春市场淡季的最新品种。

(2)厚叶蒲公英　莲座叶大且多,簇生成团,心叶自然白色软化,产量高、优质、美观,是具有特色的优良品种。

(3)阔叶蒲公英　又称极早蒲公英。莲座叶宽阔而大,基部扭曲盘绕而生。需切去叶簇人工软化,叶数较少、不太丰产。

生产计划

蒲公英属多年生宿根性植物,一经栽培可采收多年。

1.露地栽培

当土壤温度达到 1～2 ℃即可播种,夏秋季可收获新鲜叶片。

2.设施栽培

第 2 年土壤化透时,在越冬蒲公英栽培畦上设置小拱棚,进行早熟栽培,可使产品提前 15 d 上市;利用温室栽培,夏秋季播种,在冬季至春季可进行多次收获;也可结合大棚进行春早熟或秋延后生产。

3.促成栽培

春季露地直播,不进行采收,露地养根,秋季当外界温度降低,蒲公英叶片变黄,标志叶片养分回流到根系后,将老根移入温室栽培。

4.软化栽培

栽培蒲公英时，对新萌发的嫩芽进行培土或覆盖栽培，可收获蒲公英软化产品。

蒲公英日光温室栽培方案

(一)露地养根

1.播种育苗

选择疏松、肥沃、富含有机质的壤土，地块向阳为宜。播种前每 667 m^2 施腐熟有机肥 3 000 kg，磷酸二铵 20 kg，然后翻耕土壤，深耕大约 30 cm，使肥料与土壤充分混合均匀。耙细整平后做畦，畦宽 1.2 m。

蒲公英种子没有休眠期，可采收成熟种子立即播种，在环境条件适宜的情况下，一般播后 10～15 d 即可出苗。最好选择春季播种，温度高于 30 ℃时影响种子萌发。播种以直播为宜，采取撒播或条播。条播时在畦内开小沟，沟距 12 cm，沟宽 10 cm，先浇水，待水渗下后将种子均匀播于沟内，然后覆土 0.5 cm。撒播时将种子均匀地撒于畦内，然后覆土 0.3～0.5 cm 厚。也可进行苗床播种，当幼苗长到 4～5 片真叶时定植，用种量为 3～4 g/m^2。

2.播种当年的田间管理

(1)苗期管理 出苗前，保持土壤湿润。待苗出齐后适当控制水分，促进幼苗根系生长，防止徒长和倒伏。为保证幼苗生长健壮，苗期要及时除草，防止杂草欺苗。

(2)叶片旺盛生长期 在叶片迅速生长期，要保持田间湿润，结合浇水追肥 1～2 次，每次每 667 m^2 追施尿素 10～15 kg，磷酸二氢钾 5 kg，促进叶片旺盛生长。为保证秋冬季节设施栽培的产量，在播种当年一般不采收叶片，以促进营养回流到根系。

3.多年生植株管理

蒲公英植株生育年限越长，植株根系越发达，地上部营养生长也越旺盛，产品产量越高，因此，设施栽培移植多年生根株可获得较高产量。每年春季当土壤化冻，植株萌发前，要及时清理残株和覆盖在栽培畦上的覆盖物，然后选择晴天进行浇水，最好是浇肥水，促进植株尽快返青，并提供萌发需要的养分。植株萌发后要保证土壤湿润，并根据植株生长状况及时追肥。

(二)整地定植

1.整地做畦

温室内精细整地，每 667 m^2 均匀施入腐熟优质农家肥 3 000 kg，磷酸二铵 15 kg 作基肥，土壤深翻 30 cm，然后将土耙细整平后，做成宽 1.2 m 的畦。

2.定植

进入 11 月份，选择叶片肥大、根系粗壮、无病虫害的健壮根株，从露地苗床挖出，剪去叶片，保留顶芽。在畦内开按 20 cm 行距开沟，沟深 10 cm，沟内浇足底水，水渗下后按照株距 10 cm 栽苗并合垄，做到"深不淤心，浅不露根"。

(三)田间管理

1.温光调节

定植前扣棚膜，定植后温室内温度超过 25 ℃时要通风降温。冬季低温期温室内温度保持在

10 ℃以上，植株即可正常生长。温室外保温覆盖物要早揭晚盖，可有效增加温室内光照，利于植株叶片制造更多的光合产物。

2.水肥管理

定植 1 周后浇缓苗水，第 2 天当土壤表面略干时及时松土，保证土壤透气性，利于根系生长。蒲公英需水量不大，新叶长出后，可视土壤墒情浇水，保证土壤见干见湿为宜。叶片生长期根据植株生长情况及时进行浇水追肥，每次每 667 m^2 追施尿素 15 kg，采收前 20 d 不施用速效氮肥。

3.软化栽培

蒲公英进行软化栽培后，品质嫩脆，基本上无纤维成分，苦味淡化，很受消费者的欢迎。

软化栽培一般在春季植株嫩芽刚萌发或母根定植初期进行，当嫩芽刚露出土面时，可在栽培畦上覆盖细沙，每次覆盖厚度 2～3 cm，共覆盖 3～4 次，当叶片达到 10 cm 左右时进行采收。

也可采取束叶软化法：蒲公英叶片长 20 cm 左右时，将植株的外叶扶起，用细绳将叶的顶部扎住，再从两侧进行培土。设施内气温控制在 15 ℃左右，并保证土壤微湿，半个月左右即可采收软化产品。

(四)采收

日光温室生产尽量安排产品在元旦和春节期间上市以提高经济效益。当蒲公英叶片长到 20 cm 左右时进行采收，可以采取用刀割收的方式，用不锈钢刀沿地面把叶片割下，每 250 g 为 1 捆包装上市(图 9-3)。采收后不浇水，过 2～3 d 采收伤口愈合后浇水施肥，促进植株快速生长。

图 9-3 蒲公英产品

蒲公英食谱

凉拌蒲公英 将蒲公英洗净，放在开水中焯熟，捞出放入凉水中投凉，加入盐、酱油、糖、辣椒油、蒜末等调料拌匀即可食用。

蒲公英粥 将蒲公英去杂洗净，放沸水锅中焯熟，捞出切碎。将粳米淘洗干净，加入适量水煮成粥状，加入蒲公英碎末，加入少许盐调味。

蒲公英茶 蒲公英洗净沥干水分放入锅中，加适量水煮约 20 min。倒入碗中待稍凉，加入蜂蜜饮用。具有清热解毒的功效。

蒲公英炒肉丝 将蒲公英去杂洗净，放沸水锅中焯熟，捞出切段。猪肉切丝。锅烧热，下肉丝煸炒，加入料酒、精盐、酱油、葱、姜，勾芡。加入蒲公英炒至入味，出锅即成。

项目二 荠 菜

信息采集

(一)荠菜的栽培概况及应用价值

荠菜，别称护生草，地米菜，菱角菜，十字花科荠菜属 1～2 年生草本植物。荠菜原产于我国，世界各地都有分布，我国自古就有采集野生荠菜食用的习惯，是深受消费者欢迎的野菜品种。荠菜营养价值高，全草可入药，具有利尿、止血、清热明目之功效。医家常用荠菜、荠菜花治疗高血压、慢性痢疾、乳糜尿及出血诸症。荠菜可炒食、凉拌、做馅、做汤，味道鲜美。

(二)荠菜的生物学特性

1.形态特征

荠菜根白色，须根不发达，不适宜移栽，生产上一般采取直播方式。茎直立，单一或基部分枝，在营养生长期，茎短缩，生殖生长阶段抽生花茎。基生叶丛生，挨地，莲座状、叶羽状分裂，不整齐，顶片特大，叶片有毛，叶柄有翼。茎生叶狭披针形或披针形，基部箭形，抱茎，边缘有缺刻或锯齿。开花时茎高 20～50 cm，总状花序顶生和腋生。花小，白色，两性。萼片 4 个，长圆形，十字花冠。短角果扁平(图 9-4)。呈倒三角形，含多数种子。种子长椭圆形，浅棕色。种子千粒重 0.1～0.2 g，发芽年限 2～3 年。

1 2

1.植株 2.花和果实

图 9-4 荠菜形态特征

2.对环境条件的要求

荠菜属耐寒性蔬菜，种子发芽适宜温度为 20～25 ℃。生长发育适宜温度为 12～20 ℃，气温低于 10 ℃，高于 22 ℃则生长缓慢，且产品器官品质较差。荠菜的耐寒性较强，－5 ℃时植株不受损害。在 2～5 ℃的低温条件下，荠菜 10～20 d 即可通过春化阶段。荠菜喜光照充足的环境条件，对土壤的要求不严格，但以肥沃、疏松的壤土条件为宜。

(三)荠菜的类型和品种

荠菜栽培品种有板叶和散叶两种。

1.板叶种(大叶种)

叶浅绿色，大而厚，叶缘缺刻浅，近于全缘，叶面平滑，稍具绒毛，遇低温后叶色转深。该品种抗寒和耐热力均较强，产量较高，外观商品性好，风味鲜美。其缺点是香气不够浓郁，冬性弱，抽薹较早，不宜春播，一般用于秋季栽培。

2.散叶种(百脚菜)

叶深绿，叶片短小而薄，羽状全裂，叶缘缺刻深，叶窄较短小，叶面平滑绒毛多，遇低温后叶色转深，带紫色。该类型抗寒力中等，耐热力强，冬性强，比板叶荠菜抽薹迟 10～15 d。产量低，适于春季栽培。

生产计划

荠菜生长期短，并可一次播种，多次采收，容易实现周年生产与供应，而且在栽培期间很少有病虫害发生，是一种很有发展前途的绿叶蔬菜。长江流域荠菜可春、夏、秋 3 季栽培。北方地区可春、秋 2 季栽培，春季栽培在 3 月上旬至 4 月下旬播种；秋季栽培从 7 月上旬至 9 月中旬播种。利用塑料大棚或日光温室栽培，可于 10 月上旬至翌年 2 月上旬随时播种，可满足荠菜的周年供应。

荠菜温室栽培方案

(一) 品种选择

温室栽培适合选择板叶荠菜品种，该品种叶片大而厚，且香气浓郁，品质较好。板叶品种一般耐寒性较强，生长速度较快，产品器官产量较高。

(二)整地施肥

荠菜对土壤要求不太严格，但在肥沃疏松的壤土上生长较好。每 667 m^2 施入腐熟优质农家肥 2 000～3 000 kg。深翻细耙，精细整地，做成高 10～15 cm，宽 100～120 cm 的小高畦，多采用南北向做畦。

(三)播种

为保证产品在元旦上市，温室栽培多在 10 月下旬至 11 月份播种。荠菜生长期较短，生产上一般多直接播种，可采用条播或撒播方式。播种前一周先造底墒，播前可将种子拌 3～5 倍细沙。条播开小浅沟，沟距 15～20 cm，把种子均匀撒到沟里，撒播栽培把种子均匀的撒到畦面上，种子稍加镇压即可。可覆盖地膜，有较好的增温保墒作用，利于种子尽快发芽。种子拱土后要及时撤掉地膜，保证充足的光照条件。

(四)田间管理

1.苗期管理

播种后出苗前保持白天温度20～25 ℃,不高于25 ℃,夜间温度10～12 ℃,5～6 d即可出苗。出苗后温室内温度白天控制在15～20 ℃,夜间8～10 ℃。出苗后要保持地面湿润。荠菜幼苗生长较弱,前期要及时除草松土,促进根系发育。幼苗具2片叶时要及时间苗,一般保证株距10 cm即可。

2.生长盛期管理

进入旺盛生长期,保证肥水供应充足,以利茎叶生长。根据植株的生长情况及时追肥,生长前期每667 m^2 随水冲施氮磷钾复合肥12～15 kg,在茎叶旺盛生长期可追施硫酸铵,每667 m^2施用10～15 kg,保证植株生长的需要。

3.采收

温室中栽培荠菜,当叶片长度达到15 cm左右时,及时进行采收。采收时要掌握"收大留小"的原则,一般可采收3～4次,采收后应去老叶、黄叶,剪掉根部,上市销售(图9-5)。

图9-5　荠菜产品

项目三　大叶芹

信息采集

(一)大叶芹的栽培概况及应用价值

大叶芹,别称山芹菜,假茴芹,明叶菜,禅那木尔等,为伞形科多年生草本植物。主要分布在我国的东北部和俄罗斯远东地区,其嫩茎叶可以炒食、凉拌、做馅,翠绿多汁,清香爽口,是色、香、味俱佳的山野菜之一。大叶芹营养丰富,全株及种子含挥发油,是我国千吨级以上大宗出口的绿色蔬菜产品之一。

(二)大叶芹的生物学特性

1.形态特征

大叶芹株丛直立紧凑,株高50～80 cm。浅根性,多须根,且具有跳根性。根状茎短而粗,地上茎直立,单一,具棱条(图9-6)。叶片较薄,通常三出。复伞形花序,顶生,通常单一。花5瓣,白色。黑褐色双悬果,近圆形。花期7—8月,果期8—9月,10月以后进入休眠。

2.对环境条件的要求

大叶芹为林下阴性植物,多生长在针、阔混交林及杂木林下阴湿处,喜凉爽湿润的气候条件和土层深、腐殖质丰富、含水量高但不积水的偏酸性腐叶土。对温度敏感性强,忌阳光直射。抗寒性强,可在－30～－25 ℃低温下安全越冬。

图 9-6 大叶芹植株

生产计划

大叶芹属多年生宿根植物，一次播种可连续收获多年，除适宜露地人工栽培外，也可在果园树下或设施栽培。一般在春季 4 月上中旬播种，也可采取秋播的方式。可结合温室进行周年生产，也可结合大棚覆盖进行春提早和秋延后栽培。

大叶芹露地栽培方案

(一)繁殖方式

1.根茎繁殖

大叶芹主根茎在地表浅层，容易挖取。每年 4—5 月，将野生大叶芹母根挖出，将丛状根掰成单根，进行人工分根栽植。

2.种子繁殖

每年 7—9 月，将大叶芹种子采回，放在阴凉地方晾干贮藏。种子可秋播，也可翌年春季播种。秋播在种子采回后立即播入苗床中，生产上多采用条播方式，行距 10 cm，开 2～3 cm 深的浅沟，浇水，播种，覆土厚度 1～1.5 cm，播后轻轻压实。春播需对种子进行播前处理，当温度降到－15 ℃以下时，把秋季采收的种子与沙子按 1∶1 拌匀，保证细沙含水量 65%左右，拌匀后再进行冷冻，等到翌年 3 月末 4 月初播种。

幼苗出土后及时中耕除草和灌水。当幼苗高 4～6 cm 第 1 次间苗，10 cm 左右时定苗。

（二）整地定植

露地栽培大叶芹应选择土壤潮湿，空气湿度大的地块，结合整地施入充足的基肥。5 月上中旬移栽幼苗，每穴栽植 3～4 株，株行距 5 cm ×10 cm，将大叶芹埋到沟内，用少量土稳坨，保持植株直立，栽后浇透水，埋土高度刚到根顶部即可，注意不要埋没生长点。入冬前栽培畦面覆盖1～2 cm 厚稻草等覆盖物，保证大叶芹根系正常越冬。

（三）田间管理

春季当土壤解冻后，清除田间残株，结合浇返青水每 667 m^2 施入尿素 20～30 kg。当植株进入旺盛生长期后，应及时追施速效氮肥，并适当补施磷钾肥。浇水后及时中耕除草。为保证大叶芹产品品质柔嫩，最好在栽培畦上设置遮阳网（物）覆盖。

（四）采收

当株高 30 cm 以上，叶片亮度下降颜色开始变深，折断叶柄有少量纤维出现时，为采收适期。采收时用手掰收，不要碰伤未长成的叶片和生长点。也可用刀割收的方式，割时下刀部位在生长点以上，可保证连续采收多次。

大叶芹温室栽培方案

（一）整地定植

每 667 m^2 撒施充分腐熟农家肥 3 000 kg，深翻耙平，做南北向硬埂低畦，畦面宽 1.6 m，畦埂高度 15 cm，长度依温室跨度而定。温室栽培，为提高产量，一般采取移栽根茎繁殖，按株行距 5 cm×10 cm，每穴 3～4 株定植。

（二）田间管理

定植后暂不通风，缓苗后白天温室内温度保持在 18～22 ℃，温度超过 25 ℃要通风降温，夜间温度维持在 10 ℃左右，不能低于 5 ℃。缓苗后要注意水分管理，保证适宜的土壤湿度，追肥结合浇水进行，每次每 667 m^2 追施尿素 10 kg，并注重磷钾肥的配合施用。大叶芹喜阴，生长期光照不宜过强，可在温室内棚膜下方挂遮阳网，避免强光照射。整个生长期要定期除草，保证植株正常生长。

（三）采收

当植株长到 15～20 cm 时，茎叶鲜嫩，即可采收上市（图 9-7），可掰收或割收，但注意不损害生长点。每次采收后及时浇水施肥，注意应在植株伤口愈合后进行，以防病害发生。温室栽培大叶芹可周年采收，经济效益较好。

图 9-7 大叶芹产品

项目四 蒌 蒿

信息采集

(一)蒌蒿的栽培概况及应用价值

蒌蒿又称芦蒿、香艾、柳蒿等，菊科1～2年生草本植物(图9-8)。幼苗或嫩茎叶供生炒、凉拌、做汤，具有特殊香味。北魏《齐民要术》中有食用记载，是我国利用历史悠久的野菜之一。蒌蒿含有较高的营养价值，并有平抑肝火、祛风湿、镇咳等功效，对缓解心血管疾病有较好的食疗作用，是一种典型的保健蔬菜。

图9-8 野生蒌蒿

(二)蒌蒿的生物学特性

1.形态特征

蒌蒿根系发达，属浅根性蔬菜。茎分地下茎和地上茎，地下茎白色，新鲜时柔嫩多汁，既是繁殖器官，又是养分贮藏器官，节上有潜伏芽，能抽生地上茎；地上茎直立，圆形，绿色。叶羽状深裂，叶面绿色无毛，叶背面有短密的茸毛。头状花序，花黄绿色，两性花。果实为黑色瘦果，细小，千粒重1.8 g左右。

2.对环境条件的要求

蒌蒿喜冷凉湿润，不耐高温，耐湿、不耐干旱。地下茎上的潜伏芽在春季气温达到 5 ℃即开始萌发，生长适宜温度 15～25 ℃。植株生长对光照要求不严格，较弱光照下形成的产品器官品质优良。属长日照蔬菜，对土壤要求不严格，但以肥沃、疏松的沙壤土或壤土条件为宜。

（三）蒌蒿的类型和品种

1.按叶型分类

(1)大叶蒿　又叫“柳叶蒿”，叶片羽状 3 裂，嫩茎青绿色，清香味浓，粗而柔嫩，耐寒性强，春季萌发早，产量高。

(2)碎叶蒿　又叫“鸡爪蒿”，叶片羽状 5 裂，嫩茎淡绿色，香味浓，耐寒性略差，萌发迟。品质好，产量一般。

(3)嵌合型蒿　同一植株生长两种叶型。

2.按嫩茎的颜色分类

(1)白蒌蒿　茎淡绿色，长势粗壮、口感柔嫩，味道一般，属大叶蒿。

(2)青蒌蒿　茎青色，长势中等，味香，属碎叶蒿。

(3)红蒌蒿　茎紫红色，味香浓，纤维偏多。

露地种植宜选择白蒌蒿品种，设施栽培宜选择青蒌蒿和紫蒌蒿品种。

生产计划

蒌蒿北方露地直播可在 3—4 月下旬进行，若结合设施育苗，可在 2 月下旬至 3 月上旬播种。分株繁殖一般在春季 4—5 月进行，栽培效果较好。早春或晚秋可在栽培畦上覆盖小拱棚等简易设施，提前或延后栽培。利用温室可以四季栽培蒌蒿，但以秋季定植幼苗，产品器官在元旦、春节上市经济效益显著。

蒌蒿温室栽培方案

（一）繁殖方式

1.播种育苗

蒌蒿利用种子繁殖，先做苗床，将蒌蒿种子与 2～3 倍干细土拌匀直接播种，撒播，覆土厚度不超过 0.5 cm，覆盖地膜，出苗后及时揭膜。苗期保持温度 15～20 ℃，保持土壤湿润，当苗具 3～4 片真叶即可进行定植。

2.分株繁殖

5 月上中旬将蒌蒿植株连根挖起，去掉生长点，分株后直接定植，定植后浇透水，经 5～7 d 即可成活。

3.扦插繁殖

每年 6 月下旬至 8 月，剪取生长健壮的茎秆，去掉生长点，剪成 8～12 cm 长小段，保证每段有 3～5 个芽，去掉全部叶片。做低畦，畦宽 1.2 m，浇透底水，按株行距 4 cm×4 cm 扦插，深度 5～8 cm，进行适当遮阳，大约 2 周萌发新根后，即可定植。

4.地下茎繁殖

将地下茎挖出后，选择饱满、色白的茎段，剪成小段，每段有 2～3 节。做低畦，畦宽 1.2 m，在畦面上按株行距 4 cm×4 cm 栽植，覆薄土，浇透水。等植株长至 6～8 cm 时进行定植。

(二)整地定植

每 667 m^2 施腐熟有机肥 3 000～4 000 kg，复合肥 30 kg。精细整地，按南北向做低畦，畦宽 1.2 m，高度 20 cm。温室栽培一般不进行播种育苗，多采取无性繁殖方式。在栽培畦上按株行距 40 cm×40 cm 定植蒌蒿幼苗，定植时一定要浇透定植水(图 9-9)。

图 9-9 温室栽培的蒌蒿

(三)田间管理

1.温度调节

定植后闷棚升温，以高气温提高地温，促进幼苗发根，尽快缓苗。缓苗后浇缓苗水，温室内温度白天保持在 15～25 ℃，气温超过 25 ℃要放风降温，夜间温度保持在 10 ℃左右，低温季节尽量保持在 5 ℃以上。

2.水肥管理

蒌蒿在水分充足的条件下形成的产品器官品质较好，在生长期间要保持土壤湿润。低温季节浇水尽量安排在晴天上午进行，利用中午的高温放风排湿，降低温室内湿度，可减少病害发生。每次采收后要及时追肥，可施用复合肥 15 kg 或适量有机肥。

3.中耕除草

栽培前期要进行多次中耕除草，植株封垄后一般不进行中耕。

4.采收

当株高达到 20～25 cm 时即可采收，也可以根据市场需要进行采收，采收时掐取嫩茎梢，长度 12～15 cm，嫩茎上保留极少数心叶(图 9-10)，其余叶片全部摘除。每 250 g 或 500 g 捆成一捆，码放在阴凉处，上用湿布盖好，经 8～10 h 的简易软化，即可上市。

图 9-10　蒌蒿产品

蒌蒿食谱

清炒蒌蒿　蒌蒿洗净切段，锅中放油，加入葱姜爆香，加入蒌蒿翻炒，调味，临出锅勾薄芡。

凉拌蒌蒿　蒌蒿洗净，放入锅中加水烧开煮熟，投凉。加入蒜泥、盐、糖、香油、味精等调料拌匀即可食用。

蒌蒿清汤　蒌蒿洗净切成大段，锅内加水煮沸，加入蒌蒿段、火腿丝，煮开后加少许盐、鸡精煮开即可。

蒌蒿炖土豆　蒌蒿洗净切段，土豆洗净切成小条。锅中放油，加入葱姜爆香，加入土豆炒至变色，加入蒌蒿翻炒，调味，炒熟即可食用。

项目五 桔 梗

信息采集

(一)桔梗的栽培概况及应用价值

桔梗,又称包袱花、山铃铛花,为桔梗科桔梗属多年生宿根性草本。以根入药,为常用中药。根含桔梗皂苷、菠菜甾醇、菊糖、桔梗糖等多种成分,有开宣肺气、散寒、祛痰排脓的功能。桔梗根除药用外,还是一种人们喜食的野生蔬菜,每年日本、韩国等国都从我国大量进口菜用鲜桔梗加工泡菜,其嫩茎叶也可作蔬菜食用。桔梗花朵艳丽,可用作切花材料。由于其适应性强,栽培管理简单,是一种很有发展前途的药、食、花兼用蔬菜。

(二)桔梗的生物学特性

1.形态特征

桔梗株高 30～90 cm,全株具白色乳汁。直根系,肉质根肥大,长圆锥形或圆柱形,或有分杈,外皮黄褐色或灰褐色,内部白色。茎直立,单一或分枝。叶片卵状披针形,边缘有细锯齿;茎上部的叶互生,中、下部对生或 3～4 叶轮生(图 9-11)。花单生于茎枝顶端或数朵集成疏总状花序。花萼钟状有 5 裂片;花冠杯状也有 5 裂片,多为蓝紫色,少有白色或黄色;雄蕊 5 枚;子房下位,柱头 5 裂;蒴果倒卵形,有 3 棱。种子卵形,黑褐色或棕褐色,千粒重 0.93～1.49 g,寿命 1～2 年。

图 9-11 桔梗植株

2.对环境条件的要求

桔梗适应性较强，南北各省均有野生分布。适宜生长的温度为10～20 ℃，最适生长温度20 ℃，耐寒性较强，能忍受—20 ℃低温。肉质根吸收能力差，故耐旱性较差，喜在潮湿的土壤中和雨量充足的条件下生长，土壤积水易引起根部腐烂。喜光照充足，适宜肥沃湿润、排水良好的疏松土壤，黏重土或积水地块生长不良，土壤适宜pH 6.5～7.0。

(三)桔梗的类型和品种

桔梗根据花的颜色可分为紫花桔梗、白花桔梗(图9-12)和黄花桔梗。现在生产中栽培的多为紫花桔梗，具有生长较快，适合菜用等特点。

1.紫花种　2.白花种

图 9-12　桔梗的类型和品种

生产计划

桔梗一般进行露地栽培，可秋播、冬播或春夏季播种，但以秋播较好，植株生长期长，产量高。北方春季播种可在5月中旬，当地温达到15 ℃以上时进行，夏季应在7月下旬之前播种，秋季于10月下旬播种，冬播在11月上旬播种。以采收桔梗嫩茎尖为目的栽培，宜在春季播种，经露地养根后，在秋季叶片变黄后把老根定植于设施内，可采收多次。

桔梗露地栽培方案

(一)整地播种

1.整地做畦

桔梗系深根性植物,应选土层深厚、疏松肥沃的壤土或沙壤土。每 667 m^2 施用充分腐熟的有机肥 3 000～4 000 kg,过磷酸钙 20 kg,深翻 30～40 cm,做宽 1.2～1.5 m 的高畦。

2.播种

桔梗为根菜类蔬菜,育苗移栽易出现杈根,生产上多采用直播。严格选用当年新种子进行播种,隔年种子发芽率低甚至不发芽。为提高发芽率,播种前可用温水浸种 24 h,捞出后洗净晾干。采取条播方式,按行距 20～25 cm,开浅沟,沟深 5 cm 左右,浇底水,将种子和细沙按 1∶15 拌匀,播种,播后覆土厚度 1～1.5 cm。桔梗种子极小,发芽势弱,播种后注意保湿遮阳,在温度适宜,土壤墒情较好的情况下,10 d 左右即可出苗。出苗前要保持土壤湿润。当出苗达 70% 时,选择傍晚清除遮盖物。

(二)田间管理

1.中耕除草、间苗

幼苗前期生长缓慢,要及时清除杂草,防止杂草欺苗。齐苗后和开花前后再进行 3～4 次中耕。幼苗高 3 cm 左右时进行第 1 次间苗,当幼苗高 6 cm 时,按株距 10 cm 定苗。发现缺苗要及时补苗,注意起苗不要伤根。

2.水肥管理

整个生长期要注意保持土壤湿润。定苗后可适量追肥;植株现蕾时,每 667 m^2 追施尿素 10～20 kg,随水追施;植株进入盛花期,地下根系开始膨大,需肥量较大,每 667 m^2 追施复合肥 15～20 kg,硫酸钾 10 kg。入冬后,为保证植株正常越冬及第 2 年生长需要,可开沟条施优质农家肥 1 500～2 000 kg。第 2 年返青萌芽后,要及时清理田园,追施少量氮肥,再根据第 1 年各生育阶段及时进行浇水施肥。

3.植株调整

移栽或 2 年生桔梗易发生多头生长现象,造成根杈多,影响产量和质量。应在春季桔梗萌发后将多余枝芽抹去,每株留主芽 1～2 个。桔梗花期长,开花时间持续 2～3 个月(图 9-13),对产量和质量影响很大。菜用桔梗以肉质根为产品器官,为促进根部膨大生长,提高产量,可采用人工摘蕾,或在花期喷 1 000 μL/L 乙烯利 1 次,可有效抑制生殖生长。

图 9-13　桔梗花期

4.采收

秋播桔梗在第2年秋季或第3年采收，采收标准要求肉质根挺直、粗壮、无分杈、色白或微黄（图9-14）。在10月中下旬茎叶枯黄时收获为宜。将地下根部挖起后，去除残根及侧根，洗净泥土，即可保鲜出口，也可腌制自用，或者去掉根系表皮后晒干储藏。

图 9-14　桔梗肉质根产品

桔梗食谱

桔梗咸菜　将桔梗去皮洗净，放在清水中浸泡1 d，捞出撕细丝，放入辣椒粉、芝麻、盐、味精、糖混拌匀即可食用。

桔梗炒肉　将桔梗洗净，用开水焯一下，过凉，切成小段；猪肉切丝，用少许淀粉抓匀。炒锅放油，油热后下入肉丝炒至变色，调味，投入桔梗煸炒至熟，出锅装盘。

桔梗粥　桔梗去皮洗净切碎；将粳米淘洗干净，放入锅内，熬至粥状粘稠；放入桔梗、盐、少许油，煮熟即成。

桔梗瓜菜　将鲜桔梗洗净去皮，投入沸水锅内焯一下，捞出切片，挤出多余水分；黄瓜去皮、瓤切片。桔梗和黄瓜放在一起，加辣椒酱、盐、糖、芝麻拌匀即成。

项目六 刺嫩芽

信息采集

（一）刺嫩芽的栽培概况及应用价值

刺嫩芽为五加科多年生落叶小乔木，俗名刺老芽、龙芽楤木、鹊不踏等。刺嫩芽原产于我国、日本、朝鲜和西伯利亚等地区。我国野生刺嫩芽主要分布在东北长白山和小兴安岭沿脉，其嫩茎叶作蔬菜食用，被誉为“山菜之王”（图9-15）。刺嫩芽营养丰富，口味特殊。近年来，人工栽培刺嫩芽已成为一种新的发展方向。

(二)刺嫩芽的生物学特性

1.形态特征

刺嫩芽的根系较发达,其扩展直径可达1 m以上。茎灰白色,密生刺。叶绿色,羽状复叶,叶柄和叶脉上有刺或稀刺。刺嫩芽6—8月开花,9月种子成熟,果实浆果,紫红色,近球形。

2.对环境条件的要求

刺嫩芽具有一定的耐寒性,嫩芽5 ℃即可萌发,适宜生长温度为12～22 ℃,温度超过27 ℃,产品器官品质变劣。喜湿,不耐涝。喜光,但产品器官形成期光线过强易造成刺嫩芽外观质量下降。喜疏松肥沃、富含腐殖质的壤土或沙壤土。

图 9-15　野生状态的刺嫩芽

生产计划

1.露地栽培

刺嫩芽露地栽培为多年生栽培。春季播种育苗或利用根段繁殖,培养刺嫩芽植株。第2年以后可以陆续采收嫩芽。

2.温室促成栽培

11月把2年生刺嫩芽植株移栽到温室内,可保证产品器官供应元旦、春节市场,是经济效益最好的茬次。

刺嫩芽露地栽培方案

(一)种苗繁育

1.播种育苗

北方地区一般在4月中、下旬进行播种。选择土质疏松、腐殖质含量多、排灌良好的壤土或沙壤土。若土壤的营养状况不好,可施入适量草炭和有机肥进行改良,做高畦,畦宽1.2 m,高度10 cm左右。在畦面上开行距为10 cm,深度2 cm的播种沟,浇足底水。将种子均匀地撒入沟内,覆土厚度为1 cm。播种后,要保持土壤的潮湿,可在畦面上覆盖地膜保墒。播种后温度控制在18～22 ℃,幼苗拱土时,及时撤掉地膜。幼苗出土后,保持床土不干旱为度。幼苗长出真叶后,利用遮阳网进行适当遮光。随着幼苗的生长,及时间苗,保持苗的间距在10～20 cm。秋季即可移栽。

2.根段繁殖

春季土壤化冻后，植株萌芽前，将母株挖出，把 0.5 cm 粗的根剪成 15～20 cm 长的根段。做宽 1～1.2 m 的畦，顺畦开沟，沟距 20 cm，深度 10 cm 左右。把根段按株距 20 cm 放到定植沟内，覆土厚度 5～8 cm。在根段萌发前，要小水勤浇，保持土壤见干见湿。浇水后土壤表面稍干时及时松土，保持土壤疏松透气，并注意除草。

(二)整地定植

定植时间选择在春季萌芽前或秋季落叶后，生育期短的寒冷地区应进行春栽。选择土质疏松、腐殖质含量多、排灌良好的壤土或沙壤土。每 667 m^2 施入充分腐熟的有机肥 5 000～6 000 kg，深翻细耙，做成宽 1～1.2 m，高约 40 cm 的高畦，两畦间保留 1 m 宽的作业道。定植株距 60 cm，每畦定植两行。定植前剪除所有带叶枝，并注意保护根系，把植株放到定植穴里，先覆少量土，并用脚轻轻踏紧实，稳住根系，浇透定根水，待水渗下后再覆土。

(三)田间管理

定植后注意加强栽培管理，发现缺苗及时补苗。每次采收嫩芽后，要随水追施适量有机肥，或者每 667 m^2 追施尿素 20 kg。刺嫩芽栽培时间长，每年在春季和秋季都要施用有机肥，采取穴施方式，每 667 m^2 施用充分腐熟的有机肥 1 500～2 000 kg。栽培 2～3 年后，在春季采收嫩芽结束后，及时进行整枝修剪。一般地上部保留 40 cm，其余都剪掉，可促进植株多萌发侧枝，提高产量。栽培 4～5 年后，植株生长势下降，需要进行植株更新。在春季土壤化冻后，用铁锹在植株周围切断一部分根系，采收嫩芽结束后，要立即将老株从基部剪断，促进新株萌发。

刺嫩芽温室水培

小创意——新春送你一桶菜

刺嫩芽温室促成栽培方案

(一)整地定植

每 667 m^2 施入充分腐熟的有机肥 5 000～6 000 kg，深耕细耙。在温室内按南北向做宽 1.2 m 的硬埂低畦，畦深 50 cm。把 2 年生刺嫩芽植株起出，对根系稍加修整，保留根系 8～10 cm，其余剪掉。把处理完的植株密植到栽培畦内，覆土，浇透定植水。

(二)田间管理

定植后出芽前，保持温室内白天温度 25 ℃左右，夜间温度在5 ℃以上，每天向茎秆定时喷水雾，当嫩芽长出，停止喷雾。当茎秆顶芽开始萌发，温度适当降低，白天温度 15～20 ℃，夜间温度 5～10 ℃，并尽量增加温室内光照。

还可选择顶芽发育饱满的茎秆，利用水培法，或者排插于温室内，进行促成栽培(图 9-16)。白天温度控制在 20～25 ℃，夜间温度 10～12 ℃，30～40 d 即可采收。

图 9-16　水培法促成栽培

(三)采收

嫩芽萌芽后 15～20 d,8～12 cm 高,叶片未充分展开时采摘,用剪刀沿嫩芽的底部与木质部交接处剪下,一般可采收两茬(图 9-17)。采摘的鲜嫩芽通过挑选与整理,把长短一致的芽按 500 g 扎捆,上市销售。

图 9-17　刺嫩芽产品

拓展阅读

图 9-18　苣荬菜

苣荬菜　别称苦菜、取麻菜等，菊科苦苣属1～2年生草本植物（图 9-18）。原产欧洲或中亚细亚，在世界上分布很广，是我国食用历史悠久的一种野菜。苣荬菜不仅营养丰富，而且有一定的保健功能，可以提高人体免疫力，对于肝病有一定疗效，同时对治疗和预防贫血有较好的作用。苣荬菜栽培管理容易，生长期间基本没有病虫害，生长期短，抗逆性强，可利用温室或大棚的空地进行栽培。

马齿苋　别称蚂蚱菜、长寿菜等，马齿苋科1年生草本植物（图 9-19），原产于温带及热带地区，除高寒地区外，世界各地均有分布。我国人民自古就有采食马齿苋的习惯。马齿苋营养丰富，嫩茎叶可作汤、炒食、凉拌，风味独特。特别是干菜水浸复原后炒食，与薇菜干风味相似。马齿苋具有清热解毒、止痢消痈、杀菌凉血的作用。现代科学研究表明，马齿苋含有大量的去甲肾上腺素，能促进胰岛素的分泌，调节人体内糖的代谢，所以常吃马齿苋对糖尿病具有一定辅助治疗的作用。马齿苋还含有ω-3 脂肪酸，它能抑制胆固醇和甘油三酯的生成，对心血管有一定保护作用，常吃马齿苋对降低心血管发病率有一定作用。

图 9-19　马齿苋

灰灰菜 又称灰菜，学名藜，藜科藜属1年生草本植物(图9-20)，生于田野、荒地、草原、路边及住宅附近，我国各地普遍生长。每年4—6月采收幼苗或嫩茎叶食用。食用前入沸水烫熟，再以清水浸泡洗去苦味，捞出后可凉拌、热炒、做汤、晒干菜等。味道鲜美，口感柔嫩，营养丰富。除了可供食用外，灰灰菜也有一定的药用价值，能清热、利湿、降压、止痛、杀虫、止泻。但是，灰灰菜是含有卟啉类物质的光感性植物，过多服食或接触，并受数小时日晒后会诱发“植物性日光性皮炎”。所以灰灰菜一次食用量不宜过多，食后或接触后应避免强烈日光暴晒。

图9-20 灰灰菜

刺五加 又称五加参、刺拐棒、五加皮、刺老鸦子等，五加科五加属落叶灌木(图9-21)，刺五加根、茎、皮入药，有“木本人参”之称，幼芽与嫩叶是东北地区传统食用的山野菜。刺五加口味独特，并具有祛风湿、健筋骨，调节血压等功能。

山胡萝卜 学称轮叶党参，俗称羊乳、山地瓜等，桔梗科多年生植物(图9-22)，其肥大的肉质根含有多种营养物质，具有强身壮力、补虚润肺、增加乳汁等作用。可炒食、腌渍咸菜，是我国出口创汇的主要品种之一。近年来野生资源急剧减少。

图9-21 刺五加

图9-22 山胡萝卜花

茖葱 又称寒葱、鹿耳葱、山葱、天蒜，为百合科葱属草本植物(图9-23)。主要分布在我国的东北、西北及河南、河北、山西、浙江、湖北、四川等地，多生长于山野、林下。传统中医认为茖葱有散瘀、止血、解毒的功效；现代医学研究证明，茖葱能很好地预防心血管疾病，能抗炎、消肿、止

图 9-23 茖葱

痛，提高人体免疫力，是一种不可多得的食药两用的优质野菜。其嫩苗及嫩叶可洗净后蘸酱生吃，也可做汤，炒食、腌制成咸菜，还可以用来包饺子，味道鲜美。

蕨类植物 指可以食用的各种蕨类植物，我国各地山区均有出产。野生的蕨类多生长在海拔 400～2 500 m 的林缘、林下及荒坡向阳处，常见的有凤尾蕨科的蕨菜、蹄盖蕨科的猴腿、荚果蕨科的黄瓜香（广东菜）等（图 9-24）。蕨菜食用部分是未展开的幼嫩叶芽，不但富含人体需要的多种维生素，还有清肠健胃，舒筋活络等功效。食用前经沸水烫后，再浸入凉水中除去异味，可凉拌、炒食或腌渍，清凉爽口，是一种天然无污染的保健蔬菜。蕨菜也可加工成干菜或罐头等，远销世界各地。

1 2 3

1.猴腿蹄盖蕨 2.荚果蕨 3.蕨菜

图 9-24 蕨类植物

单元小结

野生蔬菜既可食用，又具有一定的药用价值。野生蔬菜播种前多需进行播前处理，大多可以采用无性繁殖。野生蔬菜抗逆性强，在生长期内很少有病虫害发生，对于水肥要求不严格，但栽培管理精细，易获高产。野生蔬菜多为多年生蔬菜，多数品种较耐低温，可采取相应栽培技术，保证植株正常越冬。为保证正常繁殖，应单设留种田，保证种子质量。

野生蔬菜知多少？

单元自测题

1.蒲公英播种当年应如何进行田间管理？
2.简述蒲公英设施栽培技术要点。
3.采取什么技术措施才能打破荠菜种子休眠。
4.大叶芹的繁殖方式有哪些？
5.简述大叶芹露地栽培技术要点。
6.蒌蒿的繁殖方式有哪些？
7.简述桔梗田间管理技术要点。
8.如何利用根段培育刺嫩芽壮苗？

单元十

芽苗蔬菜

知识点　芽苗蔬菜的定义和特点；芽苗蔬菜的品种类型；芽苗蔬菜的生产和应用现状；几种芽苗蔬菜的营养价值和生产技术。

技能点　香椿芽种子处理；萝卜芽育苗盘栽培；松柳芽采收；菊苣芽球根株培育；枸杞芽温室栽培田间管理技术。

职业素养　自主学习，触类旁通；躬身实践，知行合一；创新思维，合作意识。

芽苗蔬菜是指利用植物种子或其他营养贮存器官（如根茎、枝条等），在黑暗或光照条件下生长出可供食用的芽苗、芽球、嫩芽、幼茎或幼梢等。根据芽苗蔬菜产品形成的营养来源不同，可将芽苗类蔬菜分为种芽菜和体芽菜两种类型。种芽菜是指利用种子中贮存的养分直接培育成细嫩的芽或芽苗，如传统的黄豆、绿豆、香椿、萝卜、荞麦、蕹菜、苜蓿芽苗等，也有近些年新开发的松柳芽、油葵芽、红花芽等。体芽菜是指利用 2 年生或多年生作物的宿根、肉质直根、根茎或枝条中储存的养分，培育成的芽球、嫩芽、幼茎或幼梢，如由肉质直根育成的菊苣芽球，由宿根培育的菊花脑、苣荬菜芽，由根茎培育成的姜芽，由植株、枝条培育的树芽香椿、枸杞头、花椒脑和豌豆尖、辣椒尖、佛手尖等。

芽苗蔬菜营养丰富，大部分品种都含有丰富的蛋白质、脂肪或各种维生素及钙、磷、铁等，而且大部分芽苗蔬菜都具有一定保健功能。芽苗蔬菜食用方式多样，可以生食、凉拌、包馅等，风味独特。同时，国内外的专家对芽苗蔬菜进行了广泛的研究，普遍认为芽苗蔬菜有抗疲劳、抗衰老、抗癌症，减肥、美容等多种功能。此外，芽苗蔬菜具有生产周期较短，整个生产过程中不需要使用任何肥料和农药，且经济效益高、技术简便等特点，发展前景十分广阔。

项目一　香椿芽

信息采集

（一）香椿芽的栽培概况及应用价值

香椿是我国独有的木本蔬菜，香椿芽以营养丰富、芳香浓郁、鲜嫩味美而成为蔬菜中的上品，一直以来深受人们的喜爱。香椿芽中除含有丰富的蛋白质、钙、铁、磷、维生素等物质外，还含有黄酮、多酚类物质、萜类和挥发油、生物碱及不饱和脂肪酸等活性物质。研究证明，香椿具有抗菌、消炎、镇痛、降血糖、抗癌、降血压和抗氧化等作用。同时，其特有的浓郁芳香味能提神、刺激味觉、增进食欲，具有较好的食疗作用。我国民间自古就有“食用香椿，不染杂病”之说。

传统食用的是香椿树体萌发的嫩芽，其产品器官供应时间很受限制，且产量较小，所以香椿芽一直属于高档蔬菜。近年来，利用香椿种子快速生产籽芽香椿满足了广大消费者对香椿芽苗的需求。籽芽香椿具有生产周期短、栽培技术简单、不受季节限制的特点，适合工厂化、规模化生产。而且产品比树芽香椿香味更浓，品质更鲜嫩，深受消费者的喜爱。利用设施进行籽芽香椿生产，实现了椿芽产品器官的周年供应。

(二)香椿种子的发芽特性

香椿果实为蒴果，长椭圆形，木质扁平，长 1.5～2.5 cm，5 瓣裂。种子一端有膜质长翅，种子千粒重 10～12 g(图 10-1)。种子寿命很短，发芽率会随着时间的延长而迅速下降。一般在室温下，采种 1 个月内的发芽率可达到 90%，3 个月后会降到 60%。生产香椿芽种子用量较大，为保证种子的发芽率，要求将种子放入冷库中贮存。如果不具备低温贮存条件，可将种子用透气好的袋子装好，放在通风、干燥、黑暗的条件下存放，并且要带着种子的翅翼保管。

1

2

1.翅果　2.去除翅膜的种子

图 10-1　香椿种子

香椿种子萌发温度 13 ℃，生长适宜温度为 20～25 ℃，温度超过 30 ℃时会导致生长不良，容易出现病害。种子萌发时需要湿润的环境条件，生产芽菜适宜的空气相对湿度为 80%。种子萌发时不需要光照条件，当子叶平展后应适度见光，可以提高芽苗的营养价值。

生产计划

籽芽香椿生产不受时间和季节的限制，只要环境条件适宜就可以周年生产。通常利用育苗盘进行立体栽培，一般在育苗盘底部铺吸水纸即可进行生产，适宜条件下 15～20 d 可以生产一茬。可根据市场价格确定播种期和收获期。

香椿芽育苗盘栽培方案

(一)生产场地和设施设备

1.生产场地

芽苗蔬菜生产对场地要求不高,生产场所应包括3部分,一是种子处理室,主要进行浸种及苗盘清洗工作,可采用盆、缸、桶、砖砌水泥池等,但不要使用铁质金属器皿,否则浸种后所接触的种粒呈黑褐色;二是催芽室,能进行种子催芽期间的操作,需要满足遮光条件;三是绿化室,主要进行芽苗生长和见光绿化。生产中可选用塑料大棚、温室等设施或地下室、空闲房舍等进行生产,可以有效保证芽苗蔬菜生产过程中需要的高温、高湿条件,必要时还可进行遮光或者暗室生产。

2.栽培架

为提高场地的利用率,充分利用空间,芽苗蔬菜生产多采取多层立体栽培的栽培架。栽培架可用不锈钢或角钢制作,也可用木材或竹竿做成。因为芽苗蔬菜生产多处于高温、高湿的环境,且生产时需要定期消毒,采取不锈钢材质虽然一次性投资较大,但是使用周期较长。一般每个栽培架设置4~6层,层间距40 cm,最底下一层距地面10~20 cm,架长150 cm,宽60 cm。栽培架可以是固定式或移动式,最好采用移动式结构,即在栽培架底部四个角安装滑轮,便于推动(图10-2)。

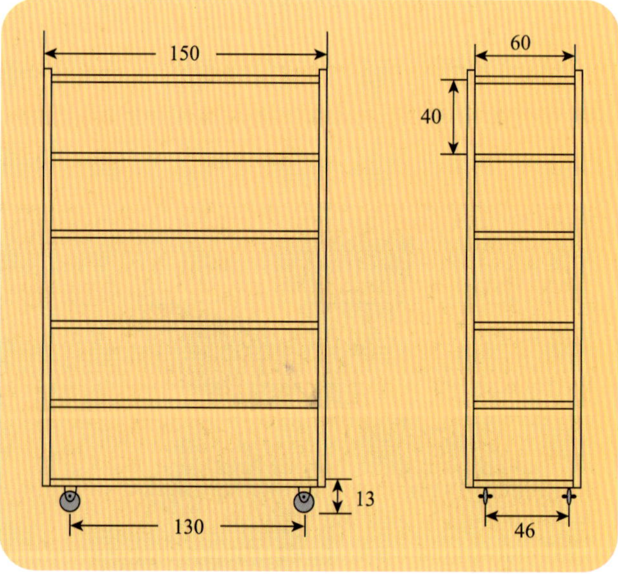

图10-2 栽培架示意图(单位:cm)

3.栽培容器

芽苗蔬菜生产可以选用多种栽培容器,一般根据生产模式灵活选用。在生产中应用较多的有塑料育苗盘和聚苯乙烯泡沫箱,还有一些技术人员根据生产实际自己开发的栽培容器。塑料育苗盘规格统一,便于搬运,尤其适宜芽苗蔬菜的立体化、工厂化生产,在芽苗蔬菜生产中应用较多。常用育苗盘规格为:长60 cm、宽25 cm、高4 cm,底部有网眼。聚苯乙烯泡沫箱,便于芽苗菜产品进行整盘活体销售,常用规格为:长50 cm、宽40 cm、高30 cm,板厚约2 cm,箱底打眼,以便漏水。长成的芽菜可一箱一箱地叠放在一起进行活体销售。统一规格的容器更适应工厂化、立体化、规范化栽培的需要,同时由于重量轻,易于搬运。

4.栽培基质

宜选用质轻、吸水持水能力较强的基质。常用的栽培基质有珍珠岩、蛭石、细沙等,未印刷之前的新闻纸和白色棉布也常被用作基质进行栽培芽苗蔬菜。在生产中,应根据生产品种和栽培要求选择适宜基质。一般大粒蔬菜种子常使用新闻纸作为栽培基质,具有成本低廉,便于操作管理的特点;小粒种子栽培时常使用草炭、蛭石混合物作为基质,生产时基质可以提供一部分养分,保证产量。

5.其他设备

生产芽苗蔬菜的场所还应该具备喷淋装置和遮阳等条件，最好能够实现栽培环境的自动控制，为芽菜生长创造最适宜的条件，以培养出高产、优质的芽苗蔬菜。

近些年出现的芽菜生产机，可实现温度、淋水、消毒等环节的数字化管理（图10-3），大大降低了人工成本，2～3 人每天可以轻松生产 100 kg 成品菜。芽菜生产机具有省时、省力、省人工，容易实现芽苗蔬菜的规模化、现代化生产的特点，为芽苗蔬菜产业的发展壮大提供了有效保障。

图 10-3 芽菜生产机

（二）品种选择

宜选用香味浓郁、脆嫩多汁、叶色鲜亮的品种，如红香椿、红油椿、绿香椿等。目前生产中应用较多的是安徽太和县的“红油椿”和云南的“红油椿”等。

利用香椿种子进行籽芽香椿生产必须使用新种子。新采的香椿种子呈红黄色，种皮无光泽，种仁黄白色，有香味；陈种子呈黑红色、有光泽、有油感、无香味。采购种子时一定要注意香椿种的外部特征，最好进行发芽率测定，要求种子发芽率在 85%以上的。

（三）生产过程

1.种子处理

香椿种子上长有翅膜，栽培之前需要去除。小规模生产可把种子装入布袋或簸箕内，用手轻轻地揉搓以去除翅膜，清除杂质后浸种。籽芽得椿生产常用温汤浸种的方法处理种子，即将种子投入到 55～60 ℃的热水中，保持恒温 15 min，然后自然冷却，转入一般浸种。由于 55 ℃是大多数病原菌的致死温度，15 min 是在致死温度下的致死时间，因此，温汤浸种对种子具有灭菌作用。利用这种方法处理香椿种子，可以防止种子发芽时的病菌污染，还可以使种皮变软，增加通透性，缩短发芽时间。夏秋季浸种时间需要 12～16 h，春冬季需要 20～24 h。种子浸泡好后要用清水投洗，等水变澄清后捞出种子进行催芽。将种子用湿纱布包好，外面包裹湿毛巾，放到 20～23 ℃的条件下催芽，每天清洗种子 2 次。3～4 d 后，当有 70%左右种子发芽、芽长不超过 2 mm 时即可播种。

2.播种

在芽苗蔬菜生产中，籽芽香椿的生长周期属于时间较长的，在高温、高湿的环境条件下，芽菜更容易出现病害，所以在播种前需对育苗盘清洗，然后用 0.1%的高锰酸钾溶液或 0.1%的多菌灵溶液浸泡 20 min，拿出来再用清水冲洗干净准备播种。在育苗盘中平铺一层新闻纸或无纺布等。将催过芽的种子撒播在上面，播种量每盘约 150 g，苗盘叠放，温度保持在 20～30 ℃，每天早晚各浇 1 次水，此外，每天应进行 1 次倒盘，调换苗盘上下左右位置，以利于种子均匀出芽。待小苗高至苗盘底部时，上栽培架。

香椿种子含油量较大，在发芽过程中容易产生大量油腻物质，在催芽过程中应注意观察种子表皮变化，发现种子不清爽时，说明种子分泌物已经阻碍种子发芽，应及时浇水，并适当增加浇水次数，保证种子正常生长。

3.生长期管理

籽芽香椿生长的适宜温度为 20～25 ℃，最低不低于 15 ℃，最高不高于 30 ℃。温度过低，幼苗生长缓慢，延长生产周期；温度过高易导致幼苗徒长，下胚轴细弱，产量低。在适宜温度范围内，香椿芽生产周期为 15～18 d。上架后 3～5 d需进行遮光处理。香椿芽生长需要中等强度光照，当幼苗长至 5～6 cm 高之后给予适当散射光照射，可使幼苗叶绿素含量增多。

栽培室内的空气相对湿度控制在 80%左右。如果栽培环境空气相对湿度低于 80%，会出现香椿子叶展开时种皮不易脱落的现象，影响子叶生长并降低产品质量；当空气相对湿度高于 80%时，易导致病害发生，严重时导致绝收。为保证栽培室适宜的湿度条件，当夏季蒸发量大时，可以用水淋湿地面；当湿度过大时，应减少浇水次数，并通风降湿。

小水勤浇是芽苗生长补水的基本原则，一般每天用自动喷雾系统喷雾 2～3 次，夏季高温时，可喷 3～4 次。浇水量以盘内基质湿润，不大量滴水为度。

4.采收

在适宜的温、湿度条件下，播种后 15～18 d 即可采收。采收标准为苗高 10 cm 左右，子叶完全展开，叶色浓绿，无病害，香味浓郁(图 10-4)。香椿芽幼嫩、含水量高，较易萎蔫脱水，应采取整盘活体销售或小包装上市(图 10-5)。收获完的苗盘要立即清洗，除去黏附的杂质等，晾干备用。每生产完 1～2 批芽苗菜，要对生产场地、栽培架等进行消毒处理。生产场所要尽量减少人员活动，在一定程度上可以降低病害的发生。

图 10-4　适宜采收的香椿芽苗

图 10-5　包装上市的香椿芽

项目二　萝卜芽苗

信息采集

(一)萝卜芽的栽培概况及应用价值

萝卜芽苗是用萝卜种子在无土或有土的条件下培育出来的一种新鲜、幼嫩的芽苗，通常将无土栽培，植株较小的称为萝卜芽；将土壤栽培，真叶显露的植株称为萝卜苗，有的地方又称为“娃娃菜”“娃娃缨萝菜”等。萝卜芽中含有芥子油，它能促进胃肠道蠕动，排出肠道中的有害物质，可以预防消化道发生癌变。萝卜芽中的消化酵素，能够吞噬、抑制甚至杀死癌细胞。萝卜芽富含维生素和纤维素，有利于帮助胃肠吸收和蠕动。常吃萝卜芽具有一定降血脂、软化血管和稳定血压的功能。萝卜芽菜品质鲜嫩，风味独特，食法多样，可凉拌、热拌、做汤等。

(二)萝卜种子的发芽特性

萝卜种子为不规则的球形，种皮呈浅黄色至深褐色，千粒重 7～15 g，种子使用年限 2～3 年，但新种子发芽率最高。

萝卜芽苗喜欢温暖湿润的环境条件，生长的最低温为 14 ℃，适宜温度为 20～25 ℃（图 10-6），最高温度为 30 ℃。不耐干旱，整个生长期要求充足的水分供应。萝卜芽苗对光照的要求不严格，发芽阶段不需要光照或者见少量散射光，进入绿化期可见少量光，但光照不宜过强，否则会引起芽苗纤维量增加，影响产品品质。

图 10-6　萝卜发芽期

生产计划

萝卜芽可使用育苗盘进行立体栽培，也可在温室内制作栽培畦，采取沙培或者土培方式生产，或者利用温室的闲置土地进行生产。利用育苗盘下铺吸水纸生产的萝卜芽菜每个生产周期为 5～10 d，当萝卜两片子叶平展时采收；利用基质或土壤生产萝卜芽生产周期 7～15 d。

萝卜芽育苗盘栽培方案

(一)品种选择

我国培育萝卜芽菜尚无专用品种，通常选用籽粒饱满、发芽率高的普通萝卜品种的种子进行生产。利用红萝卜生产出的芽菜下胚轴和叶脉为红色，颜色鲜艳，适宜凉拌或作为配菜；白萝卜品种生产出的芽菜具有更高的保健价值；绿萝卜生产出的芽菜辣味浓烈，适宜熟食；樱桃萝卜生产出的芽菜品质较好，但是由于种子较小，生物学产量不高，而且种子价格较高，不适合作为生产用种。

(二)种子处理

选用种皮富有光泽、籽粒饱满的新萝卜种子，用清水投洗干净，然后用 25～30 ℃的温水浸种，夏、秋季浸种时间 3～4 h，冬、春季 6～8 h，当种子充分吸水膨胀后捞出沥干。

(三)播种催芽

在每次生产前育苗盘都需要进行清洗和消毒，然后用清水冲洗干净，晾干后即可播种。在育苗盘内底部铺一层已灭菌的湿吸水纸或基质，将沥干的种子均匀地铺在上面。播种后每 10 盘叠成 1 摞，最上面铺一层湿麻袋保湿，将苗盘放入催芽室。

(四)栽培管理

1.催芽室培养

播种后催芽室温度保持在 22 ℃左右，每隔 6～8 h 倒 1 次盘，同时喷淋 1 次清水。种子大约

1 d后露白，2～3 d后幼苗可长达 4 cm。此时期在催芽室内完成，需要遮光处理。

2.绿化室培养

当小苗高达上层苗盘底部时，将苗盘移至栽培架培养，逐渐增加见光量。此期栽培环境内的空气相对湿度应控制在70%～80%，湿度过大会引起病害发生，要及时通风除湿；湿度过小，容易导致生长缓慢和产品器官品质下降等现象。

3.采收

当萝卜芽高 10 cm 以上即可采收(图 10-7)，将萝卜芽从苗盘里拔出来，清理干净根部，除去种皮等杂质后直接上市。也可用保鲜盒进行包装，一般 100～200 g 一个包装，包装后应在低温条件下进行运输、销售，一般产品货架期 2～3 d。也可将育苗盘直接送到销售点进行活体蔬菜销售，这样可以充分保证产品器官的质量。

图 10-7　水培萝卜苗

萝卜苗土壤栽培方案

(一)品种选择

选用不同品种的萝卜生产芽苗菜，以水萝卜种子较为经济。但从产量上看，选用绿萝卜种子最佳。

(二)播种

萝卜苗生产周期较短，利用露地和日光温室等设施可随时播种，长期供应。播种时宜选择通气性良好的肥沃沙质土壤，不宜连作。前茬作物收获后，清除掉田间枯枝残叶、根茬，然后深翻土地，整平地块，做 1.0～1.2 m 宽的平畦。播种前先浇足底水，水渗下后畦表面撒一层过筛细土，再均匀撒播种子，播种后覆 1 cm 厚的细土。播种量要视季节而定，凉爽季节可以适当播密些，高温炎热季节宜稀播，播种量为 120～200 g/m²。

(三)田间管理

萝卜发芽及幼苗生长的适宜气温为 10～30 ℃，以 25 ℃ 最好。在不同季节、不同栽培方式中，控制适宜的温度条件，以满足萝卜发芽和生长的温度要求。萝卜苗主要靠种子自身的营养生长，不需追肥，只需保持土壤湿润，视天气情况浇水。高温栽培时，由于气温高导致蒸发量大，为保证萝卜苗幼嫩，根据生长状况适当增加浇水次数；低温季节栽培时，萝卜芽蒸发量小，可酌情减少浇水次数，适当喷洒即可。

图 10-8　土培萝卜苗

(四)收获

萝卜芽菜从播种至收获一般只需 7～10 d，最多不超过 15 d。在这段时间内，当萝卜苗长出 2 片真叶时及时采收，否则产品将失去食用价值(图 10-8)。如果发现有部分苗的叶片上有麻点，或拔出萝卜芽菜的根呈黄色时，是发生病害的前兆，应马上收获。

萝卜芽食谱

凉拌萝卜芽　将萝卜芽摘洗干净，放入开水中烫一下，过凉水后捞出，加盐、醋、白糖、香油、香菜段调拌均匀，装盘即成。

清炒萝卜苗　萝卜苗洗净备用。热锅冷油下蒜末爆出香味后，加入萝卜苗大火快炒，断生后加入盐调味后出锅。

萝卜苗豆腐汤　将萝卜苗洗净、豆腐切块后备。锅内放少许油，油开后加入萝卜苗快速翻炒，断生后锅内加入高汤，将豆腐块加入，调味，开锅后淋入少许芡汁即可。

项目三　松柳芽

信息采集

松柳芽的栽培概况和应用价值

松柳原产北美洲，又称山黧豆、草香豌豆、三角豌豆，因为种子的外形像马的牙齿，又称“马牙豆”。松柳芽是松柳种子萌发的嫩芽，是一种新型芽苗菜，幼苗叶子细长，外表呈龙须状，质地脆嫩，清香可口，富含膳食纤维、维生素 C 及磷、钙、钾、锌、锰等营养元素。研究表明，长期食用松柳芽苗能降低血脂、提高人体免疫力，并具有一定的滋阴壮阳、延年益寿的功效。松柳口味清爽脆嫩，可炒、烫、作汤，又因其特有的保健价值而深受广大消费者的欢迎。

生产计划

松柳芽生长的适宜温度为 20～25 ℃，最低不低于 15 ℃，最高不高于 30 ℃。在适宜温度范围内，松柳芽生产周期为 7～15 d。可根据栽培条件和市场价格确定播种期和收获期。

松柳芽育苗盘栽培方案

(一)播种

1.选种

松柳芽生长所需营养主要来自种子中贮藏的物质，在选种时一定要选当年采收的新种子，种子净度达到 100%，发芽率在 98% 以上，要求发芽势强而整齐(图 10-9)。选择饱满的种子，剔除发霉、破损及不饱满的种子，否则这样的种子在发芽过程中易产生霉烂，导致病害发生和蔓延。

图 10-9　松柳种子

2.浸种催芽

先将种子用清水淘洗 2 遍，洗去种子表面的尘土。然后采用温汤浸种(55 ℃温水浸种 15 min)，处理后转入一般浸种，水量为种子重量的 2～3 倍。浸种时间为冬、春季 20～24 h，夏、秋季浸种 4～12 h。当种子充分吸水后，清洗干净，沥干水等待播种。

3.播种

苗盘经消毒处理后，在底部铺一层湿新闻纸，将松柳种子均匀的铺到苗盘底部，以不留空白也不重叠为宜。将播种后的育苗盘 10～20 个摞叠起来，最上部苗盘盖一层保湿材料，生产中使用麻袋的效果最好。催芽期间每天倒盘 1 次，喷水 2 次，注意浇水时苗盘底部不可有积水。

(二)苗盘管理

1.温湿度调控

当苗高 2 cm 时，即可上架。栽培期间温度控制在 20～25 ℃，空气相对湿度范围 75%～85%。一般每天喷水 2～3 次，浇水次数根据天气和幼苗生长情况灵活掌握，阴雨天少浇水，干燥天多浇水；苗高 5 cm 之前少浇水，当幼苗超过 5 cm 时，幼苗的蒸发量加大，应酌情增加浇水次数，以盘内不积水为宜。浇水后要注意控制栽培室内的空气相对湿度，当超过 85%时应及时通风换气，降低湿度以防止病害的发生。在栽培期间，一定要注意观察苗盘内芽苗的生长情况，如果发现烂种要及时除去防止传染。

2.光照管理

松柳芽在强光下可长成绿色的大叶苗，在无光的条件下长成嫩黄色的龙须苗，在弱光条件下长成嫩绿苗，应根据消费者的需求进行光照控制，一般以黄色和嫩绿色的松柳芽销售较好，生产时可给予适当的遮光或者散射光。

3.采收

当松柳苗长至 10 cm 左右，幼苗顶部真叶刚要展开时即可采收，可以用小刀从距根部 1～2 cm 处割下，捆成小捆或者装入保鲜盒内（图 10-10），采收后立即销售。也可将苗盘运到销售点进行活体出售，更能保证产品器官的鲜活。

第 1 刀松柳芽收获后还可以进行 2 次采收，将育苗盘放到适宜的环境条件下，给予充足的水分和一定的光照条件，当幼苗高 8～10 cm 时进行第 2 次收获，此种收获方式更适合用草炭、蛭石等基质栽培时使用。

图 10-10　松柳芽产品

项目四　菊苣芽球

信息采集

（一）菊苣芽球的栽培概况及应用价值

菊苣，菊科菊苣属中的 1～2 年生草本植物，其中的散叶品种的肉质直根经软化栽培可得到菊苣芽球。经测定，菊苣芽球中含有其他蔬菜没有的马栗树皮素、山莴苣素等物质，具有清肝利胆的功效。菊苣芽球外形美观，口感脆嫩，味道微苦带甜，用于生吃、炒食、凉拌菜均可，是蔬菜中的上品。

（二）菊苣的生物学特性

菊苣根肉质、短粗。茎直立，有棱，中空。叶互生，长椭圆形或倒披针形。头状花序，花冠舌状，花色蓝紫色。瘦果、黑褐色，千粒重 0.9～1.2 g。

菊苣喜冷凉的气候条件，种子在 15 ℃即可发芽，植株生长适宜温度为 17～20 ℃。耐旱怕涝，喜阳光充足，长日性蔬菜。对土壤要求不严格，适宜土层深厚的沙壤土或壤土进行栽培。

生产计划

菊苣散叶品种先进行露地根株培育后再进行土培软化栽培，形成菊苣芽球产品器官。北方地区可以在 4—5 月播种育苗，9—10 月将根株掘起，囤积在地窖或者冷棚里，等肉质根通过休眠后给予适宜的环境条件，约 20 d 就可形成产品芽球。菊苣芽球一般在元旦或春节上市，经济效益显著。

菊苣芽球软化栽培方案

（一）根株的培育

1.播种

生产中宜选择露地栽培不结球的软化专用品种，如荷兰的科拉德、梅切丽斯、巴西白菊苣、日本的沃姆、白河等，播种期应在当地初霜前 110 d 左右，种植的肉质根有充分的生长期而又不会出现先期抽薹的现象。

为培育优质肉质根，可采用露地直播的方法。播种前每 667 m^2 施优质农家肥 5 000 kg，深翻细耙后，做成 80 cm 宽的小高畦。为节省种子用量，可将种子按 15～20 cm 株距包埋于播种绳中。采用机械或人工播下种子绳，每畦两行，播种深度 5 cm，中间铺滴灌管，每 667 m^2 保苗 8 000 株左右。

2.田间管理

幼苗期气温较高，每 4～5 d 浇 1 次水，保持地面见干见湿。生长旺盛期随水追施 1 次肥，每 667 m^2 施入三元复合肥 25 kg。随着气温的降低，逐渐减少浇水次数，根株收获前 15 d，停止浇水。

3.根株的收获和贮藏

秋末初冬把植株连根拔起，除去个别抽薹株，整齐堆放晾晒 1～2 d。晾晒后在距根冠 5 cm 处切去顶部叶丛(图 10-11)，注意切除部分不能过大，以免损伤生长点。然后按根的大小分级，码放在冷库或地窖中贮藏备用，在 0～5 ℃的温度下，可保存 3～5 个月。

图 10-11　菊苣根株

(二)土培软化栽培

1. 软化设施

软化栽培可于阳畦、温室、地窖等地进行，可以用高深的花盆、塑料桶、木箱等器具置于室内栽培。温室内直接在畦块上挖沟，沟宽 150 cm，深 40 cm，沟底要平，在沟中间要留有足够的细土。

2. 根株的码放

在预计收获期前 30 d 开始码放肉质根。根的长度以 20 cm 左右为宜，码放前将黄叶、烂叶摘除，将根的过长部分和细侧根切去。将整理好的根一个挨一个地互相紧靠码放在沟中，边码边在根的空隙中填充细土，以盖住上部叶柄为宜。根码好后浇透水，待细土随水渗入根的缝隙后，再用细土、细沙、锯末等填充物将露出的叶柄盖好。切勿浇湿根株上部的覆盖物，否则会因上部水分太多而造成腐烂。沟上部设铁丝或竹片搭架，上覆无纺布或其他遮光物覆盖。

3.温度控制

菊苣软化栽培温度不宜过高，否则芽球抱合不紧实。生产中可根据需要控温。一般温度在 13～18 ℃时，约 20 d 即形成芽球。在 10～12 ℃时，需 30～40 d。

4.采收

软化过程中每周检查 1 次芽球的生长情况，但见光时间要短。如发现有黄色芽梢并略伸出覆盖物，即贴根茎部切下。优质的菊苣芽球呈纺锤形，乳黄色，肉厚且抱合紧实，长 12～15 cm，最粗处直径约 6 cm，单球质量 100～150 g(图 10-12)。

菊苣芽球软化栽培

图 10-12　菊苣芽球产品

项目五　枸杞芽

信息采集

(一)枸杞芽的栽培概况及应用价值

枸杞是茄科枸杞属落叶小灌木,原产于我国。枸杞芽系采摘菜用大叶枸杞的幼梢、嫩茎叶供食,故被称为枸杞头。枸杞芽食用从古就有,明徐光启《农政全书》有"枸杞头,生高丘,实为药饵出甘州,二载淮南实不收,采春采夏还采秋,饥人饱食为珍斋。救饥,村人呼为甜菜头"的记载。这也是有些地方将枸杞芽称为"甜菜头"的来历。《食疗本草》中记载枸杞头有坚筋耐老、除风、补益筋骨和去虚劳等作用。枸杞一直是中医药较推崇的一味滋补药材,它的叶、茎、花、子、根、皮均有医疗保健作用,而枸杞叶、枸杞芽绝大部分营养成分都在嫩芽之中,是强身壮体、延年益寿、美容养颜的佳品。枸杞芽可凉拌、热炒、煲汤,味道鲜美,营养丰富,是极好的保健蔬菜。

中国古代五大农书

(二)枸杞的生物学特性

1.形态特征

落叶灌木,株高 1.5 m 左右,栽培时可达 2 m。枝条细弱,弓状弯曲或俯垂。叶互生或簇生,披针形或长椭圆状披针形。花冠漏斗状,淡紫色。果实为浆果,红色,种子细小,千粒重 1 g 左右(图 10-13)。

2.对环境条件的要求

枸杞适应性强,一般年平均气温在 5～20 ℃的地区都可栽培。茎叶生长的适宜温度为 15～25 ℃,开花的适宜温度 16～23 ℃,结果期适宜温度 20～25 ℃。光照不足易导致植株发育不良。枸杞耐旱怕涝,对土壤没有严格要求,适宜疏松、排灌良好的沙壤土。

1.叶片　2.花　3.果实

图 10-13　菜用枸杞形态特征

生产计划

枸杞一经栽培可以多年采收。南方部分地区露地栽培可以一年四季采收。北方地区进行设施栽培可进行周年生产(图 10-14)。秋冬季日光温室栽培,8—9 月育苗,9 月上旬至 10 月中旬定植,11 月至翌年 6 月为产品上市期,高温季节,产品质量下降,可停止采收,休养植株。露地栽培,2—3 月温室育苗,4 月中旬定植,或 4 月中旬直接扦插,5 月底至 6 月初开始采收。

枸杞芽温室栽培方案

1.选择品种

枸杞作为菜用的品种有细叶枸杞和大叶枸杞两种。细叶品种披针型,肉较厚,味浓,产量低;大叶品种叶肉较薄,味淡,产量高。在生产中应用较多的是大叶品种。

2.播种育苗

叶用枸杞可以采取种子繁殖、扦插繁殖和分根繁殖进行育苗。由于枸杞扦插繁殖极易成活,在生产中一般多采取扦插繁殖方式进行育苗。

图 10-14　枸杞芽设施栽培

(1)种子繁殖　一般在3月底4月初播种。将成熟的干果用40～50 ℃的温水浸泡一昼夜后，把果实揉烂，用清水淘洗方法分离出种子。将种子用湿纱布包好，放到25～28 ℃条件下进行催芽，每天翻动种子包2～3次，清洗种子2次，5～7 d，当70%左右的种子发芽时即可播种。

选择排灌良好、土质肥沃的沙壤土或轻壤土地块，每667 m^2 施优质有机肥3 000 kg，复合肥25 kg，深翻细耙，做成宽1 m的平畦。播种前3～4 d先在畦上浇水造底墒，按行距15 cm开播种沟，沟内浇水，水渗下后播种。为保证播种均匀，将种子与两倍细沙混匀撒播到沟内，覆土厚度1 cm，然后覆盖地膜。给予适宜的温度条件，当大部分幼苗出土时及时撤掉地膜，保证充足的光照条件，根据幼苗长势及时浇水、施肥、锄草。当苗高5 cm左右开始间苗，当苗高6～8 cm时定苗，株距5 cm左右。在苗高20～25 cm时即可定植。

(2)扦插繁殖　枸杞只要环境条件适宜，一年四季皆可扦插，但以春季繁殖效果最好，一般在3月下旬至4月上旬扦插。叶用枸杞扦插繁殖易于成活，半木质化枝条或嫩枝均可用来扦插，以半木质化插条为好。选生长健壮的植株，剪取8～12 cm的半木质化枝条作为插条，要求每段插条上留有3～5个芽，插条上端平截，下端削成楔形。露地选择土质肥沃的地块或者在设施内选择温、光条件较好的地块，每667 m^2 施优质有机肥4 000 kg，深翻细耙，做好苗床，苗床宽1～1.2 m，长度根据实际情况而定。苗床浇透水，将准备好的插条插入土中，插穗2/3以上没入土中，地上部分留1～2个芽。苗床上面加设小拱棚以保温保湿促生根，插条发芽后及时将地膜撤掉，经常保持土壤湿润。一般在扦插后20～30 d即可定植。也可用穴盘或营养钵进行育苗。

(3)分根繁殖　枸杞分蘖旺盛，每年茎基部都会萌发大量的幼苗，可以在春季将母株附近萌蘖发生的幼苗连根挖出，育苗或直接定植于露地。

3.整地定植

枸杞较耐贫瘠，在干旱、沙荒、盐碱的土壤里都能生长，但不耐涝，栽培时不挑地块。为了在生产中能获得高产优质的产品，应选择土质疏松肥沃、能排能灌的地块，每667 m^2 施用优质有机肥 5 000 kg，三元复合肥 30 kg，深翻细耙后做 1.2 m 宽，长 8 m 的硬埂低畦。畦面开沟，行距 30 cm，按株距 15～20 cm 定植，每穴定植 2～3 株。设施种植应密些，露地栽培应适当加大株行距。低温季节采取先浇水后定植的方法，高温季节可以在定植后浇水。

4.田间管理

(1)温度管理 枸杞喜冷凉的气候，温室白天温度控制在 20～25 ℃，夜晚 10～15 ℃。温度高于 30 ℃或低于 10 ℃会导致植株生长不良。夏季高温季节应覆盖遮阳网降温，并注意排涝。

(2)水肥管理 定植缓苗后浇足缓苗水，每次浇水后要及时中耕松土，保证土壤疏松透气，利于根系生长。浇水要坚持土壤见干见湿的原则，保证植株生长充足的水分供应。一般每采收 1 次需追 1 次肥料，每次随水追施速效氮肥 15 kg。冬季生产要根据天气情况进行浇水，并注意保持温室内适宜的湿度条件，可以有效避免一些病害的发生。

(3)植株调整 植株成活后，每穴选留 3～5 条主干，每条留 4～5 个叶节，疏去其余的新梢。以后根据采收适当选留主干和侧枝，保证植株生长时枝条在空间内分布均匀。枝条过密要及时疏枝，保证田间通风透光，可有效降低病虫害发生。

(4)越冬管理 北方大部分地区露地栽培枸杞，秋季树叶脱落，木质化枝条可以正常越冬。在寒冷地区，需要进行防寒处理，用稻草、塑料布等将枝条围起来或者将枝条埋在土中越冬。

5.采收

采收应及时进行，若采收过迟则易造成留茬过长，最终导致株形松散，影响通风透光，影响产量。一般在株高 40～50 cm，基部叶片未老化时采收。采收芽梢产品一般长度 15 cm，用快刀从枝茎的幼嫩处割下(图 10-15)，采收时茎保留 5 cm 左右，具 3～5 个芽，利于新枝萌发，保证植株

图 10-15 菜用枸杞嫩梢

以后的产量形成。采收后可捆把或进行小包装上市销售。一般每隔20天可采收1次，每次采收后必须追肥浇水，以促进下茬嫩芽梢生长。

枸杞芽食谱

枸杞芽烧豆腐 枸杞芽洗净后加入沸水焯一下，过凉后切小段；豆腐切小块入沸水略焯，再入油锅煎至两面金黄，然后加入枸杞芽，用适量盐、糖、酱油等调味，出锅前勾薄芡即可。

枸杞芽猪肝汤 枸杞芽洗净后加入沸水焯一下，切成小段；猪肝切丁，加调料腌制5 min；汤锅水烧沸后下猪肝烧至熟，然后加入枸杞芽，调味勾芡即成。

凉拌枸杞芽 枸杞芽入沸水略焯，过凉水后晾干备用；青椒、黄瓜切丝，加入枸杞芽中，放入适量盐、花椒油、糖、香油等调味料，拌匀后即可食用。

枸杞芽炒笋丝 枸杞芽入沸水略焯，取出切丝；春笋切丝；油锅热下姜丝爆香，加春笋翻炒至七成熟，再下枸杞芽共炒，加调料即成。

拓展阅读

荞麦芽 其是用荞麦种子生产的幼嫩芽苗(图10-16)，除含有丰富的叶绿素、膳食纤维、黄酮类物质、维生素和矿质元素外，荞麦苗中还含有丰富的芦丁，芦丁能够维持毛细血管的抵抗力，降低其通透性及脆性，促进细胞增生，防止血细胞的凝集，同时还有降血脂、扩张冠状动脉、增强冠状动脉血流量等功效，对高血压和心血管病患者具有很好的食疗作用。荞麦苗食法多样，可以凉拌、爆炒、做汤等，是一种值得推广的保健蔬菜。

图10-16 荞麦芽

油葵芽 其中富含维生素及矿物质、微量元素，研究表明，经常食用油葵芽菜(图10-17)，可以降低胆固醇、防止动脉硬化、改善心血管疾病，还可以改善精神衰弱及忧郁症，延缓细胞老化。油葵芽可凉拌、蘸酱、涮火锅，仔细咀嚼，满口生香，是一种非常适合高血压患者及中老年人食用的芽菜新品种。

花生芽 花生芽是将花生种子发芽后作为芽菜食用，其产品口感清脆、柔滑香甜，被誉为“长生果芽”(图10-18)。花生芽食用部分为子叶和幼芽，芽菜呈乳白色，长度6cm左右。花生嫩芽中含蛋白质、钙及泛酸、维生素E等，其蛋白质是一种完全蛋白质，含人体所必需的多种氨基酸、生物碱及各种甾醇，对提高智力、防衰老、降低胆固醇、降低血压、维持有机体的正常生长及生理功能等有重要作用。

图 10-17　油葵芽

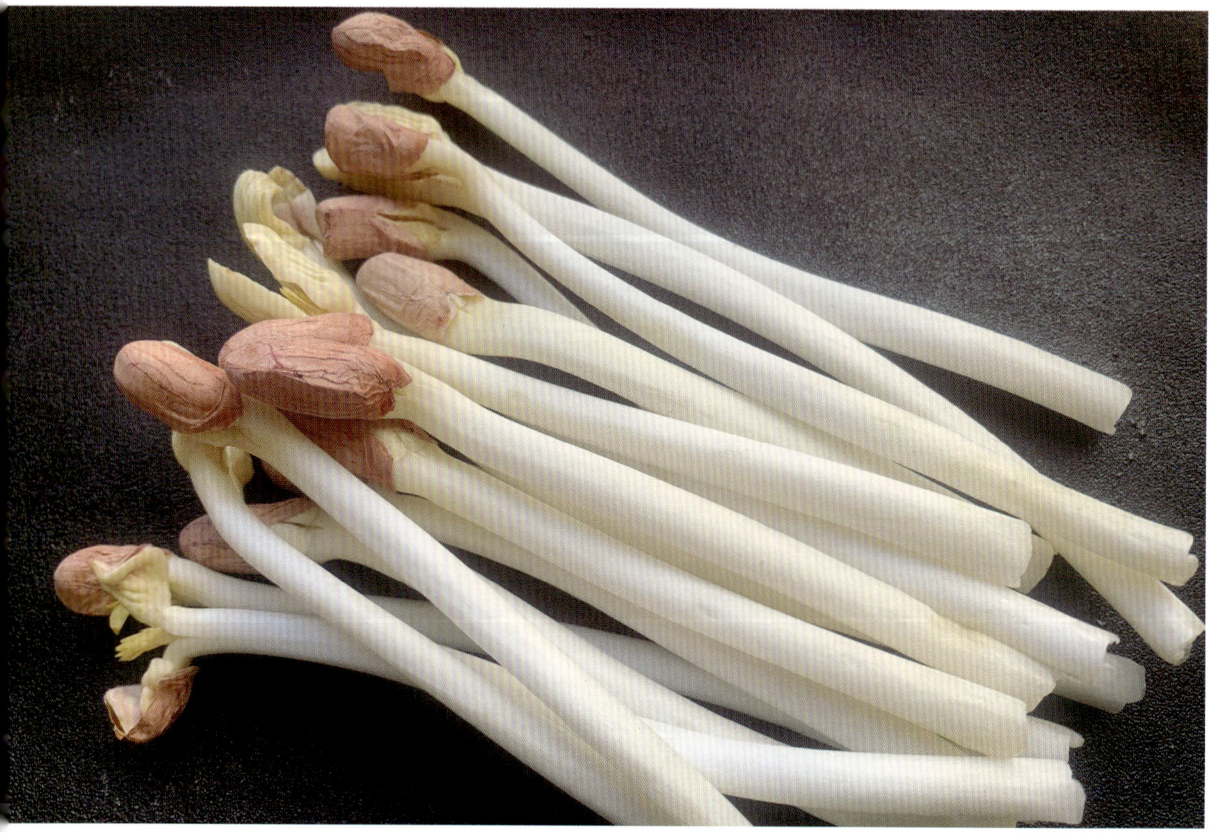

图 10-18　花生芽

小麦芽 小麦芽主要食用部位为刚长出的柔嫩的叶片(图 10-19)。小麦芽富含各种酶类、多种维生素和矿物质,而其脂肪、蛋白质、淀粉含量较低。小麦芽主要是榨汁食用。小麦芽汁能够消除人体长期积累在血液中的毒素,帮助人们治疗各类慢性疾病。小麦芽的叶绿素与人的血液分子极为相似,所以小麦芽汁又被人誉为“绿色血液”。

图 10-19 小麦芽

单元小结

芽苗蔬菜是一大类新兴蔬菜,它是利用植物营养贮存器官中的养分生产出来的芽、苗、梢、头等鲜嫩产品。其品种类型丰富,栽培技术简单,生长周期短,在整个生产过程中不需要使用任何肥料和农药,而且某些芽苗蔬菜还具有一定的食疗保健价值,因此,深受生产者和消费者的青睐,经济效益十分可观。芽苗蔬菜中的种芽菜是利用植物种子进行生产,需要种子量较大,生产中要保证种子的质量,尽量选用芽苗蔬菜专用品种。体芽菜生产中注意根株、枝条的培育,保证体芽菜的产品质量。

单元自测题 〉〉〉

1.什么是芽苗蔬菜?请举例说明其包括哪两种类型。
2.芽苗蔬菜生产的特点是什么?
3.生产香椿芽如何进行种子处理?
4.生产菊苣芽球如何培育根株?
5.如何采收枸杞芽?
6.简述萝卜芽育苗盘栽培技术。

附　录

任务工单开发样例

任务工单样例

信息采集单

第　　组　　　　　　姓　　名：　　　　　　时　　间：

任务名称	日光温室苦瓜早春茬栽培信息采集
目的要求	通过线上线下自主学习，收集信息，了解苦瓜的生物学特性及常见品种类型
1.苦瓜的生长发育周期是怎样划分的？	
2.苦瓜对环境条件有什么要求？	
3.苦瓜可分为哪几种类型？各有何特点？	

指导教师签字：

工作计划单

任务名称	制订日光温室苦瓜早春茬生产计划
目的要求	根据当地的气候条件、设施性能，确定日光温室苦瓜早春茬栽培的播种期、定植期和收获期，制定生产作业历。考虑销售地的消费习惯，选择适宜品种。列出所需生产资料清单并进行预算。制订生产技术路线

1.日光温室苦瓜早春茬栽培作业历

栽培茬次	播种期	定植期	收获期

2.品种选择

3.材料用具及预算

4.日光温室苦瓜早春茬生产的技术路线

指导教师签字：

生产实训技能单

第　　组　　　　　　　　　　　　姓　　名：　　　　　　　　　　　　时　　间：

任务名称	日光温室早春茬苦瓜植株调整和采收
目的要求	通过实际操作学会苦瓜吊蔓整枝、保花保果、采收等基本技能
材料用具	苦瓜植株；吊蔓绳、吊秧夹等

1.苦瓜整枝方式(绘图说明)

2.保花保果

3.采收

	考核项目	分值	得分
考核标准	按要求完成整枝工作任务	40分	
	按要求完成保花保果工作任务	30分	
	根据采收标准，正确完成采收工作任务	20分	
	整枝和采收过程中对植株无损伤	10分	
	备注：可根据生产周期连续考核	100分	

指导教师签字：

田间调查作业单

第　　组　　　　　　　　　　　　姓　　名：　　　　　　　　　　　　时　　间：

项目名称	苦瓜的形态特征调查	
目的要求	调查了解苦瓜植株的形态特征，掌握其特征特性与栽培的关系。提供苦瓜各器官的图片	
材料用具	苦瓜结果期植株	
调查内容	特征特性	与栽培的关系
根		
茎叶		
花		
果实		
种子		

指导教师签字：

参考文献

[1]陈杏禹.稀特蔬菜栽培,北京:中国农业大学出版社,2014.
[2]陈杏禹.珍稀蔬菜原色图鉴,北京:化学工业出版社,2016.
[3]王羽梅.芳香蔬菜,武汉:华中科技大学出版社,2018.
[4]杨鹏鸣,姜立娜.稀特蔬菜优质栽培新技术,北京:中国科学技术出版社,2017.
[5]张鲁归.家庭观赏蔬菜种植与养护,上海:上海科学技术出版社,2016.
[6]徐晔春,蒋明,孙光闻.常见食用野菜300种图鉴,北京:化学工业出版社,2021.
[7]刘全儒.中国野菜图鉴,太原:山西科学技术出版社,2015.
[8]威廉·登恩,蔡丸子译.香草花园,武汉:湖北科学技术出版社,2010.
[9]郑青峰.西兰薹栽培技术要点.长江蔬菜.2021(19):65－67.
[10]李冬梅,贾海慧,陈广闵等.北方叶菜用甘薯栽培技术.西北园艺(综合).2020(01):7.

稀特蔬菜配套资源目录